저속노화를 위한 생물학
___
루카에서 미토콘드리아까지,
에너지로 본 노화의 메커니즘

저속노화를 위한 생물학

루카에서 미토콘드리아까지,
에너지로 본 노화의 메커니즘

한치환 지음

플루토

들어가며

　젊은 날을 돌이켜보면 저의 관심은 온통 외부에 있었습니다. 학교, 친구들, 놀이, 이성, 노래, 영화, 책, 여행, 운동 등 나 자신에 대한 관심은 거의 없었죠. 관심의 주체인 '나'는 '나' 이외의 온통 다른 것들에만 관심이 있었습니다. 그러다가 나이가 들면서 이곳저곳 노화증상이 나타나고 다치기라도 하면 그 회복 과정에서 내 몸이 작동하는 원리가 신기하고 이런 생각을 하는 나의 두뇌는 어떤 과정을 통해 사고하는지 궁금해졌습니다. 보고 듣고 냄새 맡고 느끼는 나의 모든 신체 과정이 정말 신비롭다는 생각이 들었죠. 그리고 근원적인 질문 하나가 생겼습니다. 바로 '나는 어떻게 생겨났을까?'라는 질문이었죠.

　생각해보면 내 몸보다 더 신기한 것도 없습니다. 50년이 넘는 시간 동안 정교한 메커니즘에 따라 작동하고 있습니다. 가끔은 왜 이렇게 작동하는지 이해할 수 없게 작동하기도 합니다. 몇 주 동안 깁스하면 근육이 전부 없어지거나 피곤하면 잠이 더 안 오거나 별 이유도 없이 딸꾹질이 시작하고 멈추지 않는 등의 이해할 수 없는 작동방식이 있죠. 이럴 때는 '나도 다른 생명체들과 마찬가지로 진화를 통해 탄생한 존재이기 때문에 여러 오류가 있구나!'라고 생각하면 이해할 수 없게 작동하는 내 몸을 이해할 수 있습니다. 생명체는 완벽한 존재가 아니니까요. 그리고 그 진화 과정은 그렇게 쉽지만은 않았을 겁니다. 수많은 시행착오와 시련을 견디며 현재의 내가 되었겠죠.

저는 화학을 전공했습니다. 순수과학 전공을 크게 나누면 물리, 화학, 생물, 지구과학(우주 포함)으로 나눌 수 있습니다. 그중 물리와 지구과학은 크게 보면 하나의 학문이라고 할 수 있습니다. 그러면 물리, 화학, 생물로 구분할 수 있는데 화학은 물리와 생물의 중간쯤 위치하므로 화학의 세부 전공에 물리화학도 있고 생화학(유기화학 포함)도 있는 것입니다. 화학의 세부 전공 중에서도 저는 물리화학(그중에서도 전기화학)을 전공했습니다. 제가 물리화학을 전공하고 생화학을 멀리하게 된 계기가 있습니다.

대학 1학년 때 필수과목으로 생물 실험시간이 있었는데 그때 개구리 뼈를 맞추어 제출하는 과제가 있었죠. 개구리 뼈를 맞추려면 개구리가 필요했습니다. 그래서 친구와 둘이서 학교 근처 경동시장에서 한 마리씩 사온 황소개구리를 생물 실험실로 가져와 삶은 다음 뼈를 발라내고 그 뼈를 맞추기로 했습니다. 하지만 살아 있는 생물을 죽이는 것

들어가며

은 쉽지 않았습니다. '끓이면 죽겠지!' 생각하고 냄비에 물을 끓이고 넣은 황소개구리가 자꾸 튀어나와 다시 잡아 넣기를 반복한 끝에 겨우 삶았지만 다 삶고 나서도 뼈를 발라내는 작업은 쉽지 않았습니다. 그리고 살아 있는 생명체를 죽이는 것이 끔찍한 기억으로 남았죠. 그래서 이후 전공을 선택할 때도 생물 전공은 가능한 한 피했습니다. 그러다 보니 자연스럽게 물리화학 전공이 되었죠. 물론 유기화학과 같은 필수 과목은 수강해 유기물의 기본적인 명칭이나 구조 등은 알고 있지만 생물 분야는 비전공자나 마찬가지입니다.

그런 제가 한참 나이가 들어 생명과 생명체에 관심이 생기면서 관련 책들을 공부하기 시작한 겁니다. 《종의 기원》을 시작으로 《이기적인 유전자》《생명 최초의 30억 년》《진화심리학》《인류의 기원》《내 속에는 미생물이 너무도 많아》《미토콘드리아》《눈의 탄생》《게놈 익스프레스》《노화의 종말》《노화의 역행》《노화의 재설계》 등의 책을 읽으면서 생명체에서 정말 중요한 것이 에너지 대사metabolism이고 에너지를 얻어 사용하는 것이 생명활동의 가장 중요한 과정이며 우리가 늙고 병드는 이유도 대부분 에너지 대사와 관련 있다는 사실을 알게 되었습니다. 즉 저의 전공인 전기화학이나 에너지공학과 생명체의 생명활동이 그렇게 동떨어지지 않다는 사실을 알게 된 거죠. 그리고 생명체의 에너지 대사가 생명체의 생존을 결정하는 가장 중요한 요소라는 생각이 들었습니다. 그래서 탄생부터 성장을 거쳐 노화와 죽음까지 생명체의 생명현상을 에너지의 관점에서 정리해보고 싶었죠. 저와 비슷한 궁금증을 가진 분들이 꽤 많을 거라고 생각합니다. 너무 어려운 주제이지만 아무쪼록 이 책이 '생명체란 무엇이며 어떻게 생존하는가'에 대해 미약하나마 답이 될 수 있기를 바랍니다.

차례

들어가며 ... 4

1장 모든 생명체의 근원, 루카 ... 11

2장 모든 생명체의 배터리,
아데노신 삼인산 ... 25

3장 빛에서 에너지를 얻는
남세균의 등장 ... 37

4장 세균 간 공생을 통한
진핵 생명체의 탄생 ... 51

5장 인체의 에너지 발전소,
미토콘드리아 ... 69

6장 우리 몸을 형성하는 단백질 ... 81

| 7장 | 단백질 합성 과정을 밝힌 센트럴 도그마 | ... 97 |

| 8장 | 프로그램된 세포사멸: 세포 자연사 | ... 121 |

| 9장 | 생명체가 에너지를 얻는 또 다른 방식: 자가포식 | ... 133 |

| 10장 | 인체에서 에너지를 가장 많이 사용하는 뇌 | ... 149 |

| 11장 | 유전자 조작은 만병통치약이 될 수 있을까? | ... 165 |

| 12장 | 궁극적으로 인간의 수명을 늘릴 수 있을까? | ... 179 |

저속노화를 위한 생활 팁 ... 192
나오며 ... 204
참고자료 ... 207

1장

모든 생명체의 근원, 루카

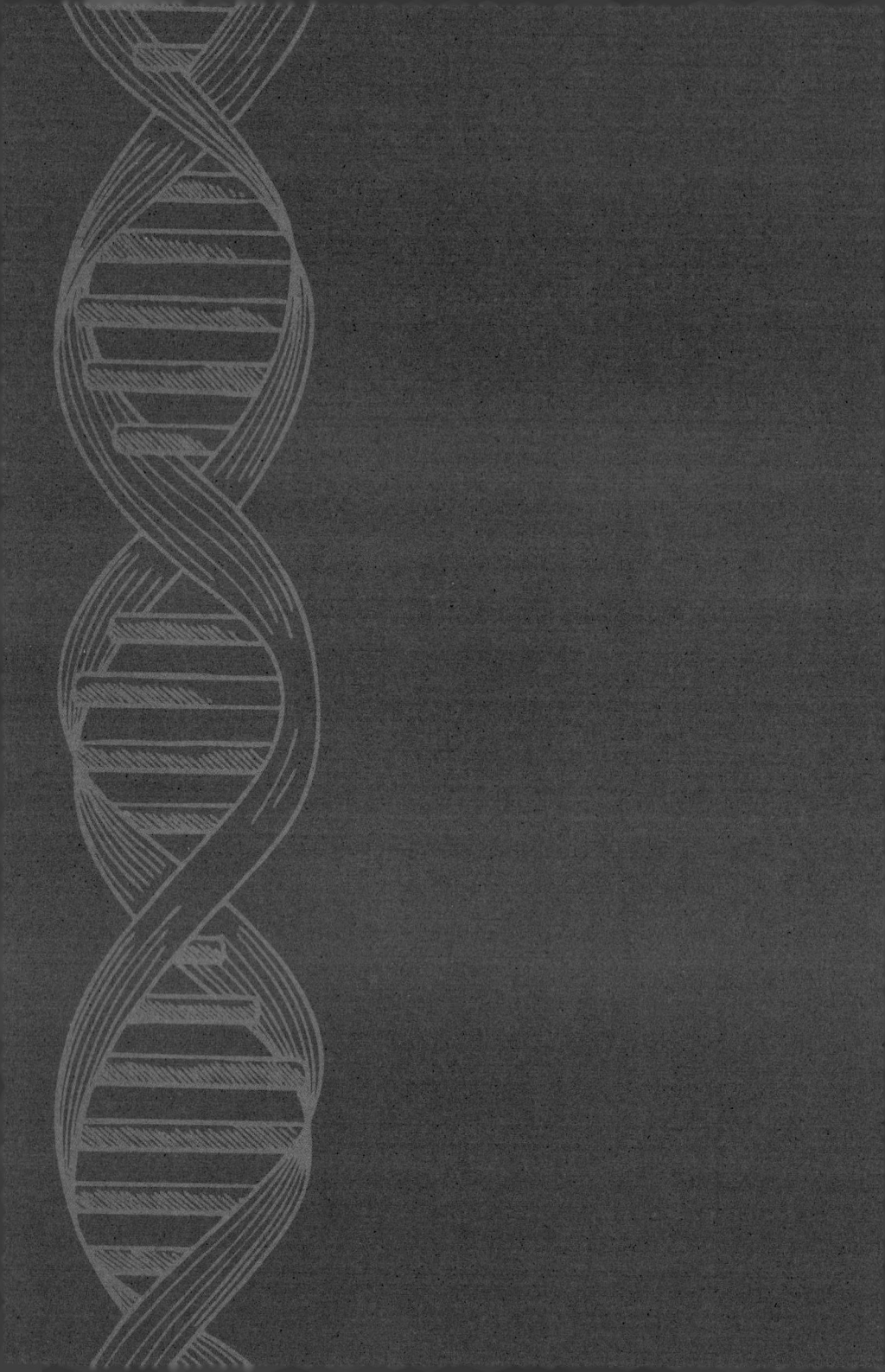

만화영화 〈루카〉를 아시나요? 픽사에서 만든 애니메이션 영화로 바다 괴물이 주인공입니다. 이 바다 괴물들은 인간과 비슷한 지능과 감정을 가진 생명체로 물속에서는 비늘이 달린 생명체의 모습이지만 뭍으로 올라와 몸이 마르면 인간의 모습으로 변합니다. 바닷속에서 살지만 육지의 삶이 궁금한 어린 바다 괴물이 주인공이며 이 주인공의 이름이 루카죠. 사실 루카는 이탈리아의 흔한 남자 이름인데 공교롭게도 과학자들이 생각하는 모든 생명체의 조상과 이름이 같습니다.

모든 생명체가 공통조상에서 기원했을 가능성을 과학적으로 제시한 최초의 인물은 《종의 기원》으로 유명한 찰스 다윈입니다. 다윈은 자연 속 생물 개체들이 같은 종 안에서도 다양한 형질적 변이를 보이는 사실에 주목했습니다. 이러한 변이는 자손에게 유전될 수 있으며 이 변이들이 쌓여 종의 특성을 바꿀 가능성이 있다고 설명하죠. 그리고 대부분 생물은 감당할 수 있는 수준보다 더 많은 자손을 낳기 때문에 먹이와 서식지가 제한된 환경에서 개체 간 생존경쟁이 필연적이라고 설명합니다.

  자연선택설은 수많은 중간 단계의 변이 종이 사라진 이유를 설명합니다. 다양한 형질 변이 중에서 환경에 더 유리한 형질을 가진 개체는 생존해 번식하지만 환경에 적응하지 못하는 변이는 도태해 사라지는 것입니다. 이것이 수많은 종이 생겨났다가 사라진 이유입니다. 지금은 인류가 지구에서 번성하는 종이지만 기후변화로 인해 환경이 변하면 인류가 사라질 수도 있죠. 자연선택에 의해 누적된, 변화하는 환경에 유리한 형질 변이는 오랜 세월에 걸쳐 새로운 종의 탄생까지 이르게 할 수 있습니다. 그리고 이러한 변이를 거꾸로 올라가다 보면 최종적으로 모든 생명의 공통조상이 있을 것으로 예측했습니다.

  다윈이 《종의 기원》을 발표한 때는 1859년으로 분자생물학이 생겨나기 이전입니다. 즉 DNA나 RNA의 염기서열이나 생명체의 에너지 대사 과정 등의 증거를 제시할 수 없는 시대였죠. 그래서 다윈은 가축 및 작물의 품종개량, 생물 지리적 분포, 화석기록, 해부학적·생리학적 유사성 등의 증거를 제시했지만, 당시에는 논란이 많았습니다.

  시간이 지나면서 분자생물학이 발전했습니다. 그리고 현재 생존하는 거의 대부분의 생명체는 DNA를 유전물질로 사용하고, 유전물질인 DNA가 RNA로 전사되고 전사된 RNA가 번역되어 단백질이 만들어진다는 센트럴 도그마 개념이 적용된다는 사실이 밝혀졌죠. 또한 공통적으로 ATP를 에너지 화폐로 사용하는 대사 경로가 밝혀지면서 모든 생명체의 공통조상이 있었을 것으로 현재 과학계는 추측합니다. 그리고 이 공통조상의 이름을, 궁극적인 보편적 공통조상이라는 영어 이름인 Last Universal Common Ancestor의 앞 자를 따 LUCA루카라고 이름 붙인 것이죠.

과학계에서 추측하는 루카의 탄생 시나리오는 다음과 같습니다.

- 약 46억 년 전 태양계가 형성될 때 태양 중심부에 물질이 응축되면서 원시 태양이 형성되었다.
- 중심부 온도가 지속적으로 상승해 1,000만 도에 이르렀을 때 수소 핵융합 반응이 시작되었고 이때부터 태양은 스스로 빛과 열을 방출하기 시작했다.
- 태양과 가까운 지역은 높은 온도로 인해 가벼운 가스 성분이 날아가 금속과 암석으로 이루어진 행성(수성, 금성, 지구, 화성)이 형성되었고 태양에서 먼 지역은 온도가 낮아 수소와 헬륨 등 가벼운 원소가 응축되어 거대한 가스행성(목성, 토성, 천왕성, 해왕성)이 형성되었다.
- 태양계가 형성되면서 같이 형성된 지구는 뜨거운 마그마로 뒤덮여 있었지만 시간이 지나면서 표면이 식고 대기가 형성되었는데 이때의 대기는 주로 화산활동과 혜성 충돌 등으로 생긴 가스로 이루어진 대기로 산소가 거의 없었고 이산화탄소, 수증기, 메탄, 암모니아와 질소로 이루어져 있었다.
- 약 38억 년 전 원시 바다가 만들어졌는데 초기 지구는 화산활동과 번개, 자외선 등의 에너지가 풍부했기 때문에 이 에너지들이 단순한 화학물질을 복잡한 화학물질로 만들어 원시 유기물(아미노산과 핵산 등)들이 모인 원시 수프가 원시 바다에 형성되었다.

- 원시 수프에서 생성된 유기분자들이 축적되고 자발적인 반응을 통해 더 큰 분자로 성장했으며 큰 분자들로 성장한 분자 중에 어쩌다가 복제가 가능한 리보핵산 RNA 분자가 생겨났다.
- 한 가닥의 리보핵산은 뼈대를 인산과 당이 형성하고 이 뼈대에 4개의 염기인 아데닌 A, 우라실 U, 구아닌 G, 사이토신 C이 붙어 있는 형태로 아데닌은 우라실과 수소 결합을 할 수 있고 구아닌은 사이토신과 수소 결합할 수 있으며 이러한 수소 결합을 통해 복제하거나 단백질을 합성할 수 있다.
- 리보핵산 중 몇몇은 리보자임이 되어 특정 화학반응의 촉매 역할을 해 리보핵산의 복제 및 단백질 합성 기능을 도울 수 있었으며 특히 단백질의 중요 결합인 펩타이드 결합을 촉매해 단백질이 더 빨리 잘 만들어질 수 있도록 도왔다.
- 이러한 생명현상의 기초를 이룬 리보핵산에 물속에 있던 지질분자가 단일층 또는 이중층을 형성해 세포막을 형성했고 이렇게 형성된 세포막은 화학반응이 일어날 수 있는 세포 내 공간을 제공하고 세포를 물리적으로 보호했으며 이렇게 해 모든 생명체의 공통조상인 루카가 약 35억 년 전 탄생했다.

루카는 단세포 생물이었습니다. 우리가 흔히 세균 또는 고세균이라고 부르는 원핵세포 생명체였죠. 그래서 크기가 수 마이크로미터로 매우 작았을 것으로 추측됩니다. 그래서 공룡이나 맘모스 같은 직접적인 화석증거도 찾을 수 없고 마이크로 크기의 세포 형태가 패턴화된 미세 화석이나 미생물 군집이 형성하는 퇴적구조물을 분석할 수밖에 없어 많은 정보를 얻을 수 없습니다.

최초의 생명체는 무생물과는 확연히 다른 특징을 가졌을 것으로 추측됩니다. 하지만 생명체를 정의하기는 쉽지 않죠. 생물학적으로 생명체는 체온이나 수분 등을 조절하는 항상성, 외부와 격리되는 반투과성 막을 가지는 조직성, 외부와 물질을 교환하는 물질대사, 외부자극에 반응하는 반응성, 외부환경에 적응하는 적응성, 성장하고 자신과 유사한 자손을 남기는 생식성(자기복제 또는 번식) 등의 특징으로 생명체를 구분하고 있지만 아직도 살아 있는 생명체에 대한 정의가 불분명하고 생명체 안에 들어오면 생명체처럼 활동하지만 생명체 밖에 있을 때는 무생물처럼 행동하는 바이러스 등이 존재하기 때문에 한마디로 정의하기 어렵습니다.

물리학자들에게 생명체는 정의하기 더 어려운 존재입니다. 물리법칙에 잘 안 맞기 때문이죠. 물리학의 큰 부분을 차지하는 분야로 열역학이 있습니다. 열역학은 18세기 중반 증기기관이 개발되면서 시작된 산업혁명으로 인해 발달한 학문입니다. 석탄을 에너지원으로 사용해 일할 수 있는 증기기관이나 이후 석유를 에너지원으로 사용해 일할 수 있는 엔진 기관 모두 열heat을 일work로 바꾸는 장치입니다. 그래서 열을 효율적으로 사용해 일을 더 많이 할 수 있도록 하는 연구개발이 매우 중요해졌습니다. 열과 일의 상관관계를 파악한 학문이 열역학이라고 할 수 있습니다.

뉴튼의 운동역학도 중요한 세 가지 법칙을 이해하면 전반적인 개념을 이해할 수 있듯이 열역학도 중요한 네 가지 법칙을 이해하면 전반적인 개념을 이해할 수 있습니다. 열역학의 네 가지 법칙은 제0법칙, 제1법칙, 제2법칙, 제3법칙입니다. 열역학 제0법칙은 '두 물체의 온도가 같다면 두 물체는 열적 평형 상태에 있다'라는 것입니다. 온도가 같은 두 물질을 붙여 놓으면 열이 어느 한쪽으로 이동하지 않아 두 물질 모두 온도가 변하지 않고 그 온도로 계속 유지된다는 겁니다.

열역학 제1법칙은 '고립된 계의 내부에너지(열과 일)는 보존된다'라는 것입니다. 열에너지나 일(운동)에너지 모두 에너지의 한 형태입니다. 열역학 제1법칙은 에너지가 외부로 빠져나가거나 외부로부터 에너지가 공급되지 않으면 총에너지는 일정하다는 것이죠. 또는 한 시스템 안에서 열에너지가 일에너지로 되거나 일에너지가 열에너지로 되거나 할 수는 있지만 에너지의 총량은 항상 일정하다고 설명할 수 있습니다.

열역학 제2법칙과 제3법칙에서는 엔트로피라는 새로운 개념을 이해해야 합니다. 열역학 제2법칙은 '고립된 계에서 어떤 변화가 일어나는 방향은 엔트로피가 증가하는 방향이다'라는 것이며 제3법칙은 '어떤 계의 온도가 절대온도 0에 근접하면 엔트로피는 어떤 일정한 값을 갖는다'라는 것입니다. 엔트로피는 물질의 열역학적 상태를 나타내는 물리량 중 하나입니다. 어떤 시스템에서의 변화가 어떤 방향으로 일어날지를 알려주는 상태함수로 보통 '무질서도'라고도 부르며, 계의 변화는 무질서도가 증가하는 방향으로 이동한다는 것이 열역학 제2법칙입니다. 예를 들어 온도가 낮은 물질과 온도가 높은 물질을 맞대면 열이 높은 곳에서 낮은 곳으로 이동해 온도가 같아집니다. 온도가 낮은 물질이 더 낮아지거나 온도가 높은 물질이 더 높아지지 않습니다. 그리고 콩과 팥을 같은 컵에 넣고 흔들면 둘이 섞입니다. 아무리 흔들어도 서로 분리되지 않습니다. 이것이 무질서도가 증가하고 엔트로피가 증가하는 방향입니다.

　루카는 단세포 원핵 생명체였을 겁니다. 현재의 분류법에 따르면 아마도 세균이나 고세균이었겠죠. 이런 원핵 생명체는 세포분열을 통해 자기복제를 합니다. 그래서 생명체의 개수를 증가시킬 수 있죠. 그런데 이런 세포분열은 물리학적으로 보면 상당히 이상하고 경이로운 일입니다. 똑같은 물체가 두 개 생기니까 '질서도'가 증가하는 방향으로 현상이 진행된 것이죠. 세균이 자기복제를 계속해 똑같은 세포가 지속적으로 증가하면 질서도가 지속적으로 증가하는 것이죠. 콩과 팥이 섞이는 것이 아니라 콩만 계속 한곳으로 모이는 것과 같은 일이 일어나는 것입니다. 즉 엔트로피가 감소하는 방향으로 진행하는 것입니다.

　이렇게 생명체의 생명현상에 의한 변화가 통상의 열역학법칙을 깨고, 엔트로피가 증가하는 방향이 아니라 감소하는 방향으로 진행하는데 의문을 가진 물리학자가 있었습니다. 슈뢰딩거 방정식으로 유명한 오스트리아 물리학자 에르빈 슈뢰딩거 Erwin Schrödinger입니다. 슈뢰딩거는 자신의 유명한 저서인 《생명이란 무엇인가? What is life?》에서 생명체에 의한 엔트로피 감소를 네거티브 엔트로피 negative entropy라는 개념으로 소개했고, 이후 프랑스 물리학자 레옹 브리유앙 Leon Brillouin이 이를 줄여 네겐트로피 negentropy라고 명명했습니다.

그렇다면 네겐트로피 현상은 왜 발생할까요? 열역학 제2 법칙에 오류가 있는 것일까요? 아닙니다. 식물은 고립된 계가 아니어서 이것이 가능합니다. 외부에서 에너지를 받아 엔트로피가 감소하는 방향으로 성장하는 것이죠. 외부에서 에너지를 가하면 엔트로피가 감소하는 방향으로 현상이 진행될 수 있습니다. 말하자면 사람이 섞여 있는 콩과 팥을 하나하나 구분해 콩만 모으고 팥만 모으면 콩과 팥의 입장에서는 엔트로피가 감소하는 방향으로 현상이 진행된 것입니다. 이것은 사람의 에너지가 추가로 들어가 가능한 것이죠. 생명체는 성장하거나 자기복제를 하려면 에너지가 필요합니다. 외부에서 에너지를 얻으면 엔트로피가 감소하는 방향인 성장이나 자기복제가 가능한 것이죠.

그러면 최초의 생명체인 루카도 외부 에너지를 사용해 생명현상을 유지했을 겁니다. 루카에게 활용할 수 있었던 에너지는 무엇이었을까요? 아마도 수소였을 가능성이 큽니다. 수소는 현재 인류가 미래 청정 에너지원으로 주목하는 에너지죠. 루카가 생겨났을 당시인 약 35~38억 년 전 지구에는 산소가 거의 없었고 대기는 온실가스인 이산화탄소나 메탄이 풍부한 환경이어서 온도가 현재보다 많이 높았을 것으로 추측됩니다. 그리고 생명체는 바다에 형성된 원시 수프에서 탄생했을 것으로 추측하고 있죠. 유력한 가설 중 하나는 루카가 바다 밑 심해 열수분출공에서 탄생했다는 것입니다. 열수분출공에는 이용할 수 있는 에너지원이 많았으니까요.

열수분출공은 주로 심해 해저에서 볼 수 있는 특이한 지질학적 형상으로 해저지각 틈새로 침투한 바닷물이 지각 깊은 곳의 마그마 가까이에서 가열된 후 주변 암석에서 녹아나온 금속이나 황화물 등의 광물 성분을 품고 다시 해저 밖으로 상승하는 곳입니다. 마그마에 의해 가열된 바닷물은 수백 도 고온에 이르지만 심해의 높은 수압 때문에 물이 끓지 않고 분출되며 상대적으로 차가운 주변 해수와 만나면서 광물질이 독특한 굴뚝 모양으로 침전되죠. 에너지가 풍부한 곳이어서 수소, 황화수소, 메탄 등 다양한 환원성 물질이 존재하는 곳입니다.

그리고 루카는 이러한 에너지원 중 가장 이용하기 쉬운 수소를 이용하는 형태로 생겨났을 가능성이 있죠. 실제로도 수소를 이용해 에너지 대사를 하는 세균이 있습니다. 수소를 에너지원으로 활용(여기서 수소는 전자를 제공하고 자신은 산화되는 전자공여체 역할을 합니다)하는 능력을 지닌 박테리아는 수소 산화균 또는 수소 영양세균이라고 불리는데 이들은 수소가 산화해 얻은 전자를 세균 내에 있는 전자수용체인 전자전달계로 흘려보내고 이를 통해 ATP를 생산하거나 다른 물질을 환원하는 대사 과정을 수행합니다.

수소를 에너지원 삼아 살아가는 수소 산화균 중에 아퀴펙스라는 원시세균이 있습니다. 고온을 좋아해 호열성 원시 박테리아로 분류되는데 주로 뜨거운 온천이나 해저 열수분출공 등의 극한 환경에서 서식하죠. 지구상에 현존하는 박테리아 중에서도 가장 원시적인 형태의 생명체로 간주될 정도로 진화학적·생화학적 특성이 독특해 루카 연구에서 간접적인 단서를 제공하는 중요 생명체라고 할 수 있죠.

루카가 수소가 아닌 황화수소를 에너지원으로 사용했을 가능성도 있습니다. 열수분출공에서 발견되는 치오바실루스 같은 세균들은 황을 산화시켜 에너지를 얻기 때문에 황산화 세균에 속하는데 빛과 산소가 없는 환경에서도 황화수소를 산화해 황이나 황산염을 만들고 그 과정에서 방출되는 에너지를 이용해 이산화탄소를 고정하고 유기물을 합성해 살아갈 수 있습니다. 가능성은 낮지만 루카가 메탄을 에너지원으로 사용했을 가능성도 있습니다. 메탄을 산화해 에너지를 얻는 메탄영양세균은 대부분 산소를 필요로 하는 호기성 미생물이지만 예외적으로 질산염 또는 아질산염을 이용해 내부적으로 산소를 생성한 후 이를 이용해 메탄을 산화하는 특이한 대사 경로를 가진 종도 있으니까요.

수소, 황화수소, 메탄 외에도 환원된 형태의 철, 황, 암모니아, 아질산 등을 이용해 에너지를 얻는 세균들도 있습니다. 이렇게 환원된 형태의 무기물들을 이용한 화학반응을 통해 탄소를 고정하고 에너지를 얻는 미생물들을 화학합성하는 미생물이라고 합니다. '화학합성 세균'의 에너지 대사는 환원되어 있는 물질을 산화시키는 과정에서 일어납니다. 이러한 세균의 개별 세포들은 보통 적정한 환경이 유지되면 한 달가량 살 수 있습니다. 한 달밖에 살 수 없는 여러 가지 이유가 있습니다. 고온에서 살기 때문에 단백질이나 세포막이 쉽게 손상되기도 하고 DNA 돌연변이와 활성산소와 같은 스트레스가 축적되기도 하기 때문이죠. 하지만 적절한 환경이 유지되면 번식하기 때문에 개체군은 지속적으로 살 수 있고 더 많이 번식할 수 있죠. 이들은 광합성을 하는 세균이 등장하기 전까지 지구상에서 번성했을 것으로 추측됩니다.

양성자 기울기와 화학 기원설

양성자 기울기는 막을 사이에 두고 양성자가 한쪽에 몰려 있어 농도차가 발생한다는 의미입니다. 만약 루카가 수소를 이용해 에너지 대사를 했다면 수소의 전자는 세포막을 따라 세포 내 수용체로 이동하고 그 과정에서 수소에서 전자를 잃은 양성자를 세포막 바깥으로 펌프질해 세포막 바깥쪽에 양성자가 쌓이게 되는데 이러한 상태를 양성자 기울기라고 표현합니다.

양성자 기울기가 형성되면 양성자는 양의 전하를 띠고 전자는 음의 전하를 띠기 때문에 서로 합치려는 인력이 작용하는데 생명체는 이 인력(전기화학적 에너지)을 이용해 원하는 물질을 합성하거나 힘을 얻게 됩니다. 즉 생명체의 근본적인 에너지는 양성자와 전자의 인력으로부터 얻게 된 것이죠. 인체의 세포 내에서 에너지를 생산하는 미토콘드리아 역시 양성자 기울기를 이용합니다. 생명체가 진화하는 수십억 년 동안 같은 방식으로 이어져온 것이죠.

생명의 기원이 화학물질로부터 비롯되었다는 화학기원설은 마이클 러셀Michael J. Russell이라는 과학자가 세운 가설로 생명의 기원에 대한 가장 과학적인 가설로 받아들여지고 있습니다. 러셀은 에너지 흐름이 적지만 일관된 곳이 오히려 생명의 요람이 되었을 가능성을 제기했죠. 그리고 해저의 열수분출구에는 철이나 황 같은 광물이 풍부해 세포막이 아직 없던 당시 생명체에 세포막 대신 자연형 반응기 역할을 해줬을 가능성이 높아 생명이 탄생하기에 좋은 환경이었을 것으로 추측했습니다. 즉 루카는 고온, 무산소, 화학적 에너지만 존재하던 '에너지 부족 세계'인 해저의 열수분출구에서 작은 양성자 기울기와 미약한 반응을 이용해 생존을 시작했다고 할 수 있습니다. 그렇게 에너지가 부족한 환경에서 에너지를 잡아내는 능력으로 살아남은 최초의 존재가 루카였던 것이죠.

이러한 생태적 기원 때문인지는 모르지만 생명체에 필수적인 에너지원, 이를테면 식물에게 영양분과 햇빛, 또 동물에게 먹이는 너무 없어도 문제지만 지나치게 많아도 문제가 됩니다. 식물에게 햇빛이 지나치게 많으면 수분 증발이 심해져 잎이 마르고 이로 인해 광합성 작용을 제대로 할 수 없으며 흙에 영양분이 지나치게 많으면 흙에 이온이 너무 많아져 삼투압 때문에 식물이 흙 속의 물을 흡수하지 못하고 오히려 뿌리에서 수분이 빠져나가 뿌리 끝이 타거나 썩게 됩니다.

동물도 먹이를 지나치게 많이 먹으면 문제가 되죠. 비만이 되고 대사이상이 발생합니다. 사실 현대인의 성인병 대부분은 음식을 많이 섭취해 발생하는 병이죠. 그래서 최근 많은 연구들에서 칼로리 제한이나 간헐적 단식이 성인병을 치료하거나 예방하는 데 좋은 것으로 밝혀지고 있습니다. 또한 칼로리 제한이나 간헐적 단식을 하게 되면 노화를 늦추는 것과 유사한 기전을 보인다는 연구도 속속 발표되고 있습니다. 에너지를 절약하고 세포의 스트레스를 줄이는 방식은 루카를 거쳐 지금 우리에게도 전달된 생존 원리입니다.

2장

모든 생명체의 배터리, 아데노신 삼인산

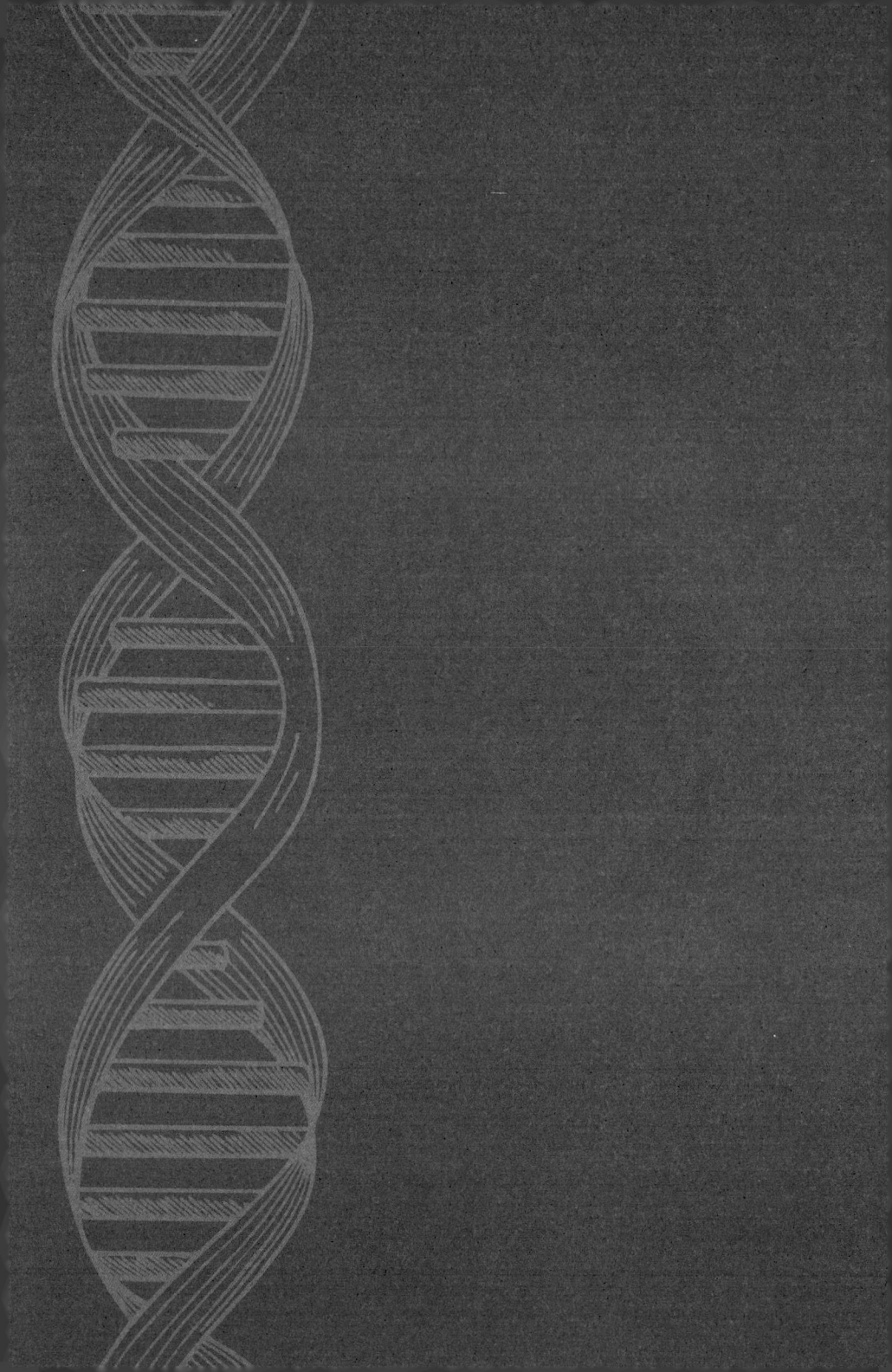

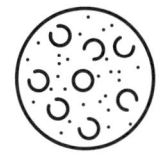

제가 고등학교를 다니던 1980년대 후반에도 입시경쟁은 치열했습니다. 제2의 베이비붐 세대여서 같은 또래 아이들은 많은 반면 대학입학 정원은 크게 안 늘어 경쟁이 그 어느 때보다 치열했죠. 아침 일찍부터 밤늦게까지 공부하는 날들이 이어졌습니다. 정신적으로 체력적으로 많이 지친 시기였죠. 그나마 위안이 되어준 것은 흔한 취미인 소위 '음악감상'이었습니다. 저만 그런 것이 아니어서 야간 자율학습 시간에는 귀에 이어폰을 꽂고 음악을 들으면서 공부하는 학생이 많았죠.

당시는 스마트폰도 MP3 플레이어도 없었습니다. 지금은 생소한 물건인 '휴대용 카세트테이프 플레이어'를 가지고 다니며 음악을 들었죠. 이 카세트테이프 플레이어를 작동시키려면 AA 사이즈의 망간 전지라고도 불리는 건전지 두 개를 넣어야 했습니다. 그런데 건전지는 다 쓰면 버리는 제품인데 3~4일만 지나면 수명이 다하기 때문에 건전지 가격도 만만찮게 들었죠. 이렇게 한 번 쓰면 다시 쓸 수 없는 전지를 1차전지라고 합니다.

그때도 다 쓰면 충전해 다시 쓸 수 있는 니켈 계열 전지들이 판매되고 있었습니다. 충전해 다시 쓸 수 있는 전지를 2차전지라고 하죠. 니카드전지는 니켈을 음극, 카드뮴을 양극으로 사용한 전지였고 카드뮴을 수소 저장 합금으로 대체한 니켈금속 수소전지도 있었죠. 건전지에 비해 가격이 비싸고 충전기도 사야 해 처음 살 때 비용이 좀 들지만 건전지를 사용하고 버리는 것보다 효율적이어서 니켈 계열 2차전지를 더 선호했습니다. 하지만 이러한 니켈 계열 2차전지는 배터리 전압이 낮고 용량도 작아 자주 충전해야만 했습니다. 그래서 충전이 가능하면서도 오래가는 전지가 있으면 좋겠다고 막연히 생각했죠.

그래서인지는 몰라도 1996년 박사과정으로 대학원에 들어가서는 리튬이온전지를 연구하게 되었습니다. 리튬이온전지는 전압이 3.6볼트^{V}로 1.5볼트인 망간 전지나 1.2볼트인 니켈 계열 2차전지보다 월등히 높습니다. 전지의 힘은 전압과 전류를 곱한 와트^{W}로 결정되기 때문에 높은 전압은 매우 큰 장점입니다. 저장할 수 있는 전기용량도 니켈 계열 2차전지보다 월등히 컸죠.

전지는 음극과 양극, 전해질로 구성됩니다. 세계 최초로 전지를 만든 볼타는 음극으로 아연, 양극으로 구리를 쓰고 전해질로 소금물을 사용해 전지를 만들었습니다. 매우 단순한 구조죠. 비슷하게 오렌지에 아연판과 구리판을 꽂아도 전지가 됩니다. 오렌지 속 액체가 전해질 역할을 하는 것이죠. 하지만 이러한 단순한 구조의 전지들은 오래가지 못합니다. 양극으로 사용한 구리 표면에 수소기체가 발생하고 구리 표면에 달라붙어 전자의 이동을 방해하기 때문이죠.

전지는 산화 환원 반응을 이용해 전력을 생산합니다. 음극에는 전자를 잘 주는 물질을, 양극에는 전자를 잘 받는 물질을 넣어주고 전해질로 전자가 떨어져 나오거나 전자가 채워졌을 때 발생할 수 있는 전하 불균형을 맞춰 줄 수 있는 물질이 들어 있으면 됩니다. 비활성기체(불활성기체)나 귀금속(금이나 백금족 원소 등)을 제외하면 대부분 물질이 산화 환원 반응을 하므로 전지를 조합하는 방법은 매우 다양합니다. 그래서 매우 다양한 종류의 전지가 개발되었고 지금도 여러 종류의 전지들이 그 용도에 따라 사용되고 있죠.

납의 산화 환원 반응을 이용하는 납축전지는 세계 최초로 충전이 가능한 2차전지로 프랑스 물리학자 가스통 플란테가 1859년 개발했는데 지금까지도 엔진 자동차의 전원으로 사용되고 있습니다. 아연을 음극으로, 이산화망간을 양극 물질로 사용한 망간 건전지는 1866년 프랑스 기술자 르 클랑셰가 개발했는데 지금까지도 전자제품의 리모콘이나 현관문 도어락 등에 사용되고 있습니다. 리튬을 음극으로, 이산화망간이나 염화티오닐 $SOCl_2$을 양극 물질로 사용한 리튬 1차전지는 1970년대 여러 기업에 의해 개발되었으며 신뢰성이 매우 높아 지금도 의료기기나 군용으로 사용되고 있죠.

기본적으로 전지는 전기를 이용해 작동하는 전자제품이나 자동차를 작동시키는 데 사용하며 외부에서 에너지를 넣어주어야 만들 수 있습니다. 한 번 쓰고 버리는 1차전지는 기본적으로 산화물 형태로 존재하는 아연이나 리튬과 같은 물질에 에너지를 주어 금속으로 환원시켜 전위를 높인 후 제작해 사용하는 것이고 2차전지는 전기에너지로 충전해 전위를 높인 후 사용하는 것입니다. 즉 뭔가를 움직이거나 빛이나 소리를 내게 하려면 에너지를 넣어주어야 하죠.

그렇다면 생명체는 어떻게 에너지를 얻어 움직이거나 소리를 내거나 열매를 맺는 것일까요? 생명체에도 전지(배터리) 같은 것이 있어 생명체를 작동하게 만드는 것일까요? 우리가 생각하는 전지는 아니지만 생명체에도 비슷하게 작동하게 만드는 물질이 있습니다. 바로 아데노신 삼인산 adenosine triphosphate, ATP이라는 물질인데요. 이름이 길어 줄여 ATP라고 부릅니다. 이 ATP는 모든 생명체에 배터리처럼 작동하는 에너지원입니다. 미생물, 식물, 동물, 심지어 인간도 이 ATP라는 에너지원을 통해 생명 활동을 합니다.

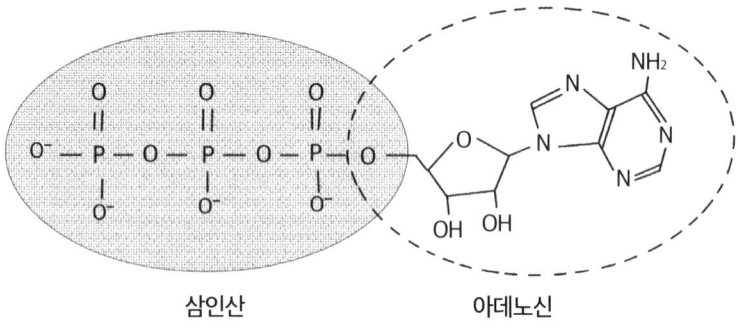

아데노신 삼인산 ATP의 구조

ATP의 구조를 살펴보면 아데노신에 음이온인 인산기 세 개가 붙어 있는 형태입니다. 음이온끼리는 서로 미는 힘인 척력이 있는데 이러한 음이온을 세 개나 붙여 놓은 형태여서 마치 같은 극의 자석을 붙여 놓은 상태처럼 조금만 힘을 가해도 떨어져 나가면서 그때 발생하는 에너지를 사용할 수 있는 형태입니다. 인산기 세 개가 붙어 있는 아데노신은 DNA나 RNA에 있는 염기 중 하나인 아데닌과 당이 결합한 형태로 생명체에게 매우 중요한 물질입니다. ATP는 원래 음이온이 아니고 인산기의 음이온에 양성자 H^+가 붙어 있어 전기적으로 중성이지만 생명체에서 에너지원으로 쓰이는 ATP의 경우 양성자가 분리되어 3가 음이온 형태로 작동합니다.

그러면 ATP는 생명체에 에너지를 어떻게 제공할까요? ATP는 분해될 때 많은 에너지를 방출하는 인산 결합을 가지고 있습니다. APT가 물과 반응할 때 인산기가 하나 떨어져 나가 아데노신 이인산(adenosine diphosphate, ADP)이 되면서 에너지를 방출합니다. 이 에너지를 이용해 생명체는 생명 활동을 할 수 있죠. 뇌 안의 신경세포에서는 ATP를 이용해 세포막을 통한 양이온 Na^+/K^+ 이온 펌핑을 하고 신경세포 안팎의 전압을 변화시켜 신호를 주고받습니다. 이러한 신호로 정보를 전달하고 소통하는 것이죠. 우리가 '머리를 쓴다'라고 표현하는데 이 과정이 ATP를 통해 가능한 것입니다. 몸을 움직이기 위한 근육세포도 ATP를 사용합니다. 근육세포는 미오신과 액틴이라는 단백질을 이용해 근육을 수축하거나 이완시켜 움직이는데 이 과정에서 ATP가 미오신에 에너지를 전달해 원하는 움직임을 수행하죠.

이처럼 ATP가 충분히 공급되면 생명체는 이를 통해 필요한 물질을 운반하거나 근육을 수축해 움직이거나 생합성 과정을 통해 필요한 물질을 만들거나 신호를 전달하거나 생리적 반응을 하는 등 생명 활동의 대부분을 수행할 수 있습니다. 즉 카세트테이프 플레이어에 건전지를 넣어 작동시키듯이 ATP를 통해 세포를 작동시키는 것입니다. ATP가 생명체의 배터리인 것이죠. 그런데 전자제품에는 그것에 맞는 배터리를 넣어야 작동합니다. AA 사이즈의 건전지를 넣어야 작동하는 리모콘에 AAA 사이즈의 건전지를 넣으면 작동하지 않죠. 또한 리튬이온전지를 넣어야 하는 리모콘에 수은전지를 넣어도 작동하지 않습니다. 전자제품이 사용하는 전압과 전류에 맞는 배터리를 넣어야 작동하기 때문입니다. 1.5볼트를 사용하는 전자제품에 3.6볼트를 사용하는 리튬이온전지를 넣으면 과전압이 걸려 불이 나거나 폭발할 수 있습니다. 리튬이온전지는 높은 전압을 얻기 위해 반응성이 높은 리튬을 사용하다 보니 불이 잘 난다는 단점이 있죠.

그런데 ATP는 거의 모든 생명체에게 에너지를 제공할 수 있습니다. 세균뿐만 아니라 동식물 모두 ATP를 에너지원으로 사용하죠. 즉 ATP는 생명체에게 가장 보편적인 에너지원이라고 할 수 있습니다. 그래서 ATP를 생명체의 에너지 화폐라고 부릅니다. ATP를 에너지원으로 사용하고 발생하는 ADP는 세포 내 소기관인 미토콘드리아에서 ATP로 다시 전환됩니다. 그래서 미토콘드리아를 세포의 에너지발전소라고 부르는 것이죠.

세포 내 소기관인 미토콘드리아도 수명이 있어 시간이 지나면 기능이 떨어집니다. 미토콘드리아의 기능이 떨어지면 ATP 생산량이 줄어들어 신체에 ATP가 부족한 상태가 되고 이는 세포의 에너지 대사를 원활히 수행하지 못하는 상태로 이어져 세포의 기능이 저하됩니다. 그리고 세포의 기능 저하는 생명체의 노화로 이어지죠. 그래서 노화를 늦추기 위해서는 미토콘드리아가 기능을 유지하도록 만드는 것이 중요합니다.

연구에 의하면 운동은 유산소 운동과 근력운동 모두 미토콘드리아의 생성을 촉진합니다. 특히 고강도 인터벌 운동이 미토콘드리아의 생성을 가장 효과적으로 증가시키는 것으로 알려져 있죠. 추운 환경에 노출되는 것도 미토콘드리아의 생성을 촉진하는 것으로 알려져 있습니다. 추위에 노출되면 특히 지방세포에서 미토콘드리아의 생성을 촉진하는데 이렇게 미토콘드리아가 많이 생성된 지방세포는 흰색을 띠지 않고 갈색을 띠어 갈색지방이라고 부릅니다. 이 갈색지방에는 특수 단백질이 존재해 ATP뿐만 아니라 체온을 유지할 수 있도록 열을 방출하기도 합니다. 그래서 갈색지방이 형성되면 추위를 덜 타게 되죠. 또한 미토콘드리아가 부족한 백색지방의 경우 과도하게 축적되면 염증 물질인 사이토카인을 분비해 염증을 유발하는 것으로 알려져 있는데 반대로 갈색지방의 경우에는 염증성 사이토카인의 분비를 감소시켜 염증을 줄이는 것으로 알려져 있습니다. 염증이 줄어들면 전반적인 건강 유지와 노화 예방에 도움이 되죠.

의학 분야와 미용 분야에서도 쓰이고 있는 아데노신

아데노신은 리보오스당과 아데닌이라는 염기분자가 결합된 물질로 지구상에 알려진 모든 생명체에서 발견되는 물질이며 생명체의 에너지 대사에 관여합니다. 에너지 대사뿐만 아니라 의학적 용도와 미용적 용도로도 쓰이는 물질이죠.

의학적으로는 특정한 이유로 심장이 빨리 뛰는 빈맥을 치료하는 치료제로 쓰입니다. 심장이 불규칙하게 뛰는 특정 부정맥 환자에게 아데노신 정맥 주사는 심장의 방실결절 AV node을 일시적으로 차단해 불규칙한 전기 전도를 교정하고 정상적인 심박 리듬을 회복하는 데 사용됩니다. 아직 제품화되지는 않았지만 아데노신은 항염증제로도 연구 중입니다. 당뇨병을 가진 실험실 동물의 발 상처를 아데노신으로 국소 치료했더니 상처가 빠르게 치유된다는 사실이 실험적으로 증명되어 당뇨병 환자의 상처 치료를 위한 임상연구가 진행 중이죠.

아데노신은 중추신경계를 억제하는 효과도 가지고 있습니다. 중추신경계의 수용체에 아데노신이 결합하면 중추신경계가 억제되어 수면을 유도하는 효과가 있습니다. 체내의 아데노신 레벨은 깨어 있을 때 점점 증가하고 수면 중에는 점점 줄어듭니다. 어느 레벨까지 아데노신이 줄어들면 잠에서 깨어나 있다가 아데노신의 레벨이 어느 수준까지 증가하면 졸려서 자게 되는 것이죠. 불면증 환자에게도 아데노신 레벨을 증가시켜 잠들게 하는 치료를 하고 있죠.

커피를 마시면 잠이 깨는 효과는 이러한 아데노신의 수면 기능과 연관되어 있습니다. 아데노신과 카페인은 구조가 비슷한 물질인데 커피를 복용하면 커피에 들어 있는 카페인이 중추신경계의 수용체와 결합해 아데노신의 결합을 방해하고 이로 인해 각성 효과가 발생하는 것으로 알려져 있죠.

최근에는 아데노신의 미용효과도 알려져 있습니다. 아데노신을 두피에 바르면 얇은 모발이 두꺼워지는 효과를 나타내는 것으로 알려져 있고 얼굴이나 손 등의 피부에 바르면 피부 탄력을 개선해 피부 주름을 줄여주는 효과도 있는 것으로 알려져 있습니다. 식약처에서 피부미용 효과를 인정한 물질로 아데노신과 니코틴 아마이드가 있는데 보통 기능성 세럼 형태로 판매되는 화장품에 이 물질들이 함유되어 있습니다.

3장

빛에서 에너지를 얻는 남세균의 등장

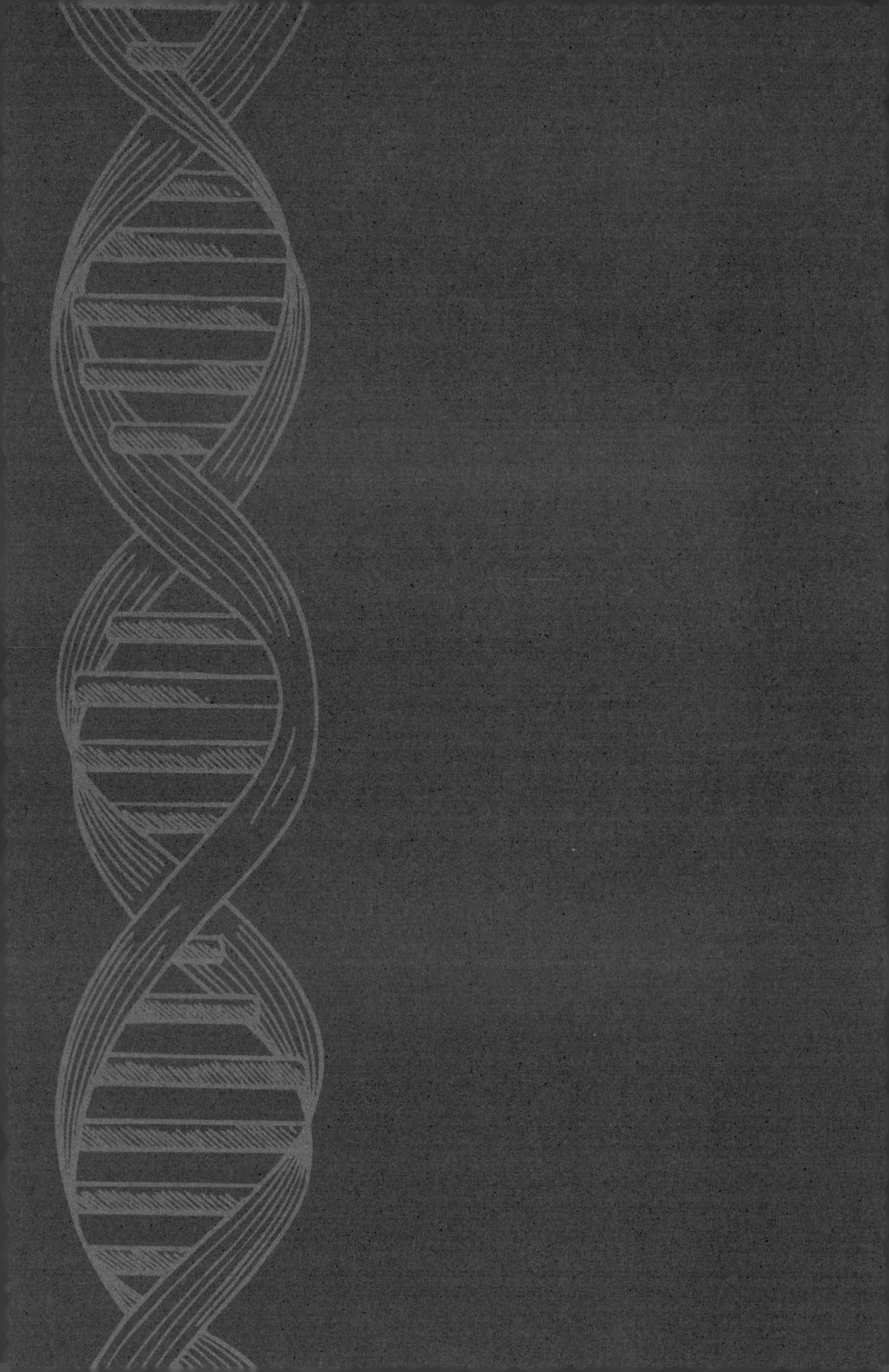

지구는 자체적으로 에너지를 만들지 못하는 행성입니다. 즉 지구상의 에너지는 핵융합을 해서 자체적으로 에너지를 생산하는 태양이라는 항성으로부터 받아들이는 것입니다. 지구가 태양으로부터 받아들이는 에너지는 대부분 전자기파 형태입니다. 그밖에 태양풍에 의해 태양으로부터 튀어나온 양성자와 전자 그리고 약간의 헬륨과 극미량의 탄소, 산소, 철 등 이온화된 원소가 들어옵니다. 지구에 들어온 양성자나 전자가 지구 자기장을 따라 북극이나 남극으로 이동한 후 대기 상층부와 충돌하면서 빛을 발하는 것이 오로라입니다.

전자기파는 전기장과 자기장이 서로 수직으로 진동하며 공간을 나아가는 파동이며 매질이 필요하지 않아 우주 공간을 통해 태양으로부터 지구까지 도달할 수 있습니다. 사실 전자기파는 태양뿐만 아니라 절대온도 0도 이상인 모든 물체에서 뿜어져 나옵니다. 즉 에너지가 전혀 없는 상태인 절대온도 0도가 아니라면 모든 물체는 열에너지를 가지고 있고, 이 열에너지가 물체 내 전자를 가속 운동시키기 때문에 전자기파를 방출하죠. 온도가 낮을수록 에너지가 낮은 전자기파를 방출하고 온도가 올라갈수록 에너지가 높은 전자기파를 방출합니다. 우리의 몸은 섭씨 36.5도로 이 온도에서는 적외선 영역의 파장을 방출합니다. 적외선은 우리 눈에는 보이지 않지만 적외선 카메라를 이용하면 볼 수 있죠. 그래서 야간에도 적외선 카메라를 이용해 사람을 식별할 수 있는 것입니다.

태양의 표면 온도는 섭씨 5,500도로 매우 높아 다양한 에너지의 전자기파가 방출됩니다. 전자기파의 에너지 정도는 파장의 길이로 결정되는데 파장이 짧을수록 에너지가 높고 파장이 길수록 에너지가 낮죠. 태양에서는 거의 모든 파장대의 전자기파가 방출됩니다.

> **전파**(1밀리미터~수 킬로미터): 통신, 방송, 레이더 등에 사용
>
> **마이크로파**(1밀리미터~1미터): 무선 인터넷, 위성통신, 레이더, 전자레인지
>
> **적외선**(700나노미터~1밀리미터): 열화상카메라, 원격 제어기, 야간 투시장치
>
> **가시광선**(380~700나노미터): 인간의 눈에 보이는 파장 범위(빛)
>
> **자외선**(10~380나노미터): 살균, 피부 태닝, 비타민D 생성 촉진
>
> **엑스선**(0.01~10나노미터): 의료용 투시(엑스레이 검사), 공항 수하물 검사
>
> **감마선**(0.01나노미터 이하): 방사선 치료, 핵반응에서 방출, 매우 높은 에너지

이론적으로 태양은 거의 흑체이므로 태양에너지는 흑체 복사 스펙트럼과 아주 비슷하게 모든 파장대에서 연속적인 전자기파 복사가 가능합니다. 하지만 실제로 파장대별 세기는 큰 차이가 나며 고에너지인

감마선이나 장파장인 라디오파의 방출은 극히 적습니다. 또한 지구는 대기가 있어 대기에서 반사되고 흡수되는 파장들은 지구 표면까지 잘 도달하지 않죠. 그래서 태양으로부터 지구 표면에 도달하는 전자기파는 대부분 자외선, 가시광선, 적외선입니다. 여기서 자외선이 약 5퍼센트, 가시광선이 약 45퍼센트, 적외선이 약 50퍼센트를 차지합니다.

가시광선은 사람이 볼 수 있는 전자기파라는 뜻입니다. 가시광선을 프리즘으로 나누면 무지개처럼 빨주노초파남보 색상을 띠는데 자외선은 보라색의 바깥에 있다는 뜻이고 적외선은 빨간색의 바깥에 있다는 뜻입니다. 적외선은 대부분 열에 해당하죠. 인간은 못 보지만 곤충들은 자외선을 눈으로 볼 수 있습니다. 그래서 자외선을 쫓아가는 특성이 있죠. 실제로 꿀벌들은 꽃잎에서 보이는 자외선 패턴을 따라가 꿀을 채취한다고 합니다. 그리고 뱀은 적외선에 해당하는 열을 감지하는 기관이 있습니다. 뱀은 눈과 콧구멍 사이에 '피트'라는 열감지 기관이 있어 먹잇감을 찾아낸다고 하죠.

앞장에서도 설명했듯이 생명체는 어떻게든 외부 에너지를 끌어 써야만 생명 활동을 유지할 수 있습니다. 최초의 생명체는 외부 에너지 중 산화되면서 에너지를 내줄 수 있는 화학물질인 수소, 이산화황, 철 2가 양이온 등을 에너지로 사용했을 것으로 추정되죠. 이러한 화학물질들은 태양으로부터 도달한 에너지가 전환된 형태로 볼 수 있습니다. 즉 태양으로부터 도달한 에너지를 간접적으로 이용한 것이라고 할 수 있죠. 그런데 단순하게 생각하면 가장 좋은 방법은 태양으로부터 지구에 도달하는 전자기파인 햇빛을 직접 이용해 에너지를 얻는 것입니다.

실제로 약 35억 년 전 이러한 생명체가 지구상에 생겨났습니다. 광합성을 하는 고대 생명체인 세균은 생명 활동으로 암석에 특이한 구조를 형성해 남기는데 이것을 스트로마톨라이트라고 합니다. 광합성을 하는 미생물은 얇은 막 형태로 군락을 형성하며 살아가는데 이들이 광합성을 하면서 배출하는 산소가 탄산칼슘을 침전시키고 이렇게 형성된 탄산칼슘 막이 층층이 쌓인 특이한 층상구조이기 때문에 스트로마톨라이트가 형성되어 있으면 광합성을 하는 세균이 살았던 것을 간접적으로 알 수 있죠. 고대 퇴적층에서 발견되는 스트로마톨라이트 중 가장 오래된 것이 약 35억 년 전으로 보고되고 있어 약 35억 년 전 광합성을 하는 미생물이 탄생했을 것으로 추정하는 것입니다.

광합성을 하는 미생물 중 대표적인 것은 남세균^{藍細菌, Cyanobacteria}입니다. 남색을 띠어 남세균이라고 부르며 '청록색 세균'이나 '청록조류^{blue-green algae}'라고도 불립니다. 광합성을 통해 산소를 생산하는 원핵생물(세균)로 과거에는 조류^{algae}의 일종으로 분류했지만 세포 구조와 유전적 특성 때문에 지금은 세균으로 분류하죠.

남세균에는 틸라코이드라는 막이 있는데 이 막 안에 빛에너지를 흡수해 전자를 들뜨게 만드는 엽록소와 피코빌린 계열 색소가 있어 빛을 받으면 전자가 빛의 에너지를 흡수해 높은 에너지의 전자로 들뜨게 됩니다. 이렇게 에너지가 높아진 전자를 이용해 물과 이산화탄소로부터 생명체에 필요한 탄화수소 물질을 만들고 에너지를 얻는 것이 남세균이죠. 남세균이 에너지를 얻는 첫 번째 단계는 빛을 흡수해 물을 분해하는 것입니다. 이 과정에서 전자와 양성자를 분리하고 부산물로 산소가 발생하죠. 이렇게 얻은 전자는 세균이나 미토콘드리아 내에서 전자를 받아 이동시킬 수 있는 전자수용체인 전자전달계로 이동하고 양성자는 양성자 기울기를 형성합니다. 이렇게 형성된 양성자 기울기를 이용해 에너지 화폐인 ATP를 생성하고 이렇게 생성된 ATP를 이용해 이산화탄소를 고정한 후 탄수화물을 합성합니다. 결과적으로 보면 남세균은 햇빛과 이산화탄소, 물을 이용해 포도당과 같은 탄수화물을 만들고 산소를 배출합니다. 식물이 하는 일과 똑같은 일을 바다에서 한 것이죠.

최초의 생명체였던 루카는 수소나 이산화황과 같은 에너지를 얻기 쉬운 바닷속 깊은 열수구에서 살았을 것으로 추측되는 반면 남세균은 햇빛을 받기 쉬운 해수면에서 살았을 것으로 추측됩니다. 지금도 남세균의 후손들이 해수면이나 호수의 온도가 올라가면 대량으로 번식해 녹조를 형성하죠. 이렇게 해수면에 살던 남세균들은 지구의 대기 환경을 크게 바꾸어 놓았습니다. 질소, 이산화탄소, 메탄 등으로 이루어진 대기에 산소를 지속적으로 공급했기 때문입니다.

남세균이 생겨난 초기에 산소는 바닷물 속의 철 이온$^{Fe^{2+}}$과 먼저 결합해 산화철이 되면서 침전했기 때문에 대기 중으로 많이 나오지 않았지만, 지속적으로 산소가 배출되고 철 이온과 결합하면서 바닷물 속 철 이온이 고갈되고 물속에 포화된 산소가 대기로 배출되는 상황이 시작된 것이죠. 아마도 이때 물속에서 철 이온을 에너지원 삼아 살던 세균은 철 이온이 고갈되면서 에너지원을 잃었을 수 있습니다. 환경 변화가 종의 생존을 결정하는 자연선택설의 시작이죠.

바닷속 환경뿐만 아니라 대기 환경도 변했습니다. 이산화탄소 농도가 줄고 산소 농도가 늘었습니다. 온실가스인 이산화탄소가 줄면서 지구 온도도 낮아졌죠. 이러한 환경변화는 산소혁명의 계기가 되었습니다. 산소혁명은 일반적으로 약 20~24억 년 전 지구 대기에 산소 농도가 급격히 상승한 사건을 말합니다. 남세균이 장기간 광합성을 해 산소를 배출했기 때문이죠. 산소혁명으로 많은 것이 변화합니다. 첫째는 철 산화물의 퇴적층이 대규모로 생성된 것입니다. 또 다른 변화는 혐기성 미생물의 멸종인데, 혐기성 미생물은 산소호흡 없이 에너지 대사를 하며 이러한 혐기성 미생물에게 산소는 독성물질로 작용하므로 이들은 멸종되거나 바닷속 매우 깊은 곳으로 밀려납니다. 그리고 산소를 이용해 호흡하며 에너지를 얻는 호기성 미생물이 발달하게 되죠.

또한 대기권 상층으로 올라간 산소가 자외선에 의해 오존으로 전환되면서 자외선을 차단하는 효과가 생겨나죠. 이러한 변화는 생명체가 육상으로 진출하고 다양하게 진화하는 데 결정적 역할을 한 것으로 추정되어 산소혁명이라고 부릅니다. 이러한 산소혁명은 빛을 에너지원으로 직접 사용하는 남세균의 등장으로 시작된 것입니다.

생명체에게 산소호흡은 왜 중요했을까요? 에너지 효율성이 높았기 때문입니다. 산소호흡을 하지 않는 혐기성 세균의 경우 발효하거나 혐기성 호흡을 하는데, 발효(주로 술을 만드는 과정이 대표적인 발효 과정입니다)의 경우 포도당을 분해해 두 개의 ATP와 젖산이나 에탄올 같은 부산물을 생성합니다. 산소 대신 질산, 탄산, 황산 등의 산화물을 이용해 혐기성 호흡을 할 경우 포도당 하나의 분자로 2~36개의 ATP를 생성합니다. 반면 산소호흡하는 호기성 세균의 경우 포도당 하나로 38개의 ATP를 생성합니다. 산소호흡이 혐기성 호흡보다 더 많은 ATP를 생성할 수 있는 것이죠.

하지만 산소호흡이 장점만 있는 것은 아닙니다. 산소호흡을 하면 에너지 대사 과정에서 필연적으로 활성산소가 생깁니다. 활성산소는 하나의 분자만 일컫는 것이 아닙니다. 활성산소는 산소분자가 불완전하게 환원되어 생성되는 일련의 물질들을 통칭합니다. 산소가 완전히 환원되면 물이 되는데 물이 되지 않고 불완전하게 환원되어 생기는 과산화수소 H_2O_2, 초과산화이온 O_2^-, 하이드록시 라디칼 OH^- 등이 활성산소입니다. 이들은 강력한 산화력이 있어 DNA, 단백질, 세포막 등을 손상할 수 있기 때문에 세포에게는 독과 같은 존재입니다.

세포 내에서 ATP를 생성해 세포의 에너지발전소라고도 불리는 미토콘드리아도 산소호흡을 합니다. 산소호흡하는 호기성 세균과 거의 유사한 방식으로 ATP를 생성합니다. 그리고 호기성 세균이 산소호흡할 때와 마찬가지로 활성산소를 방출하죠. 활성산소가 방출되면 DNA가 손상되거나 단백질이 변형되거나 세포막이 산화되어 세포 기능이 저하될 수 있습니다. 미토콘드리아 자체가 손상되어 ATP 생성이 감소할 수도 있죠. 이러한 모든 활성산소의 부작용은 노화를 가속화할 수 있습니다. 그래서 활성산소가 가속 노화의 한 원인으로 지목받고 있죠.

우리 몸은 이러한 가속 노화를 예방하기 위해 단백질의 일종인 항산화 효소를 가지고 있습니다. SOD superoxide dismutase라는 항산화 효소는 과산화 이온을 제거하고 카탈라아제라는 항산화 효소가 과산화수소를 물로 변환시키면 글루타치온 퍼옥시다아제라는 항산화 효소가 하이드록시 라디칼을 제거합니다. 그래서 이러한 항산화 효소를 활성화하면 가속 노화를 예방할 수 있는데 운동, 단식, 온도 스트레스(높은 온도와 낮은 온도에 노출되기) 등이 항산화 효소를 활성화하는 방법으로 알려져 있습니다.

자유라디칼 이론

세상의 물질은 양성자, 중성자, 전자로 이루어져 있습니다. 양성자와 중성자는 물질의 핵을 이루고 전자는 핵 주위에서 공간을 형성하면서 도는데 전자가 도는 길을 궤도함수라고 합니다. 물질이 원자면 원자궤도함수, 물질이 분자면 분자궤도함수라고 하죠. 보통 이 궤도함수에는 전자가 두 개씩 짝을 지어 채워집니다. 그런데 상황에 따라 전자가 두 개 채워지지 않고 궤도함수에 하나만 들어간 경우가 있습니다. 전자가 짝짓지 못하고 하나만 들어간 상태의 분자를 라디칼이라고 부르는데 이중에서 결합되지 않고 자유롭게 존재하는 라디칼을 자유라디칼이라고 합니다. 자유라디칼은 짝짓지 않은 전자가 불안정하기 때문에 다른 물질로부터 전자를 하나 얻어와 안정되려는 성질이 있습니다. 이러한 성질 때문에 반응성이 좋죠. 우리가 흔히 일상생활에서 사용하는 플라스틱이 고분자인데 이 고분자를 만들 때 분자들의 결합이 죽 이어지도록 반응성이 좋은 자유라디칼을 사용하기도 합니다.

그런데 미토콘드리아가 산소호흡을 할 때도 이 자유라디칼이 생길 수 있습니다. 우리가 숨을 쉬면 폐는 산소를 받아들여 산소를 혈액에 전달하고 혈액에 전달된 산소가 온몸의 세포에 산소를 전달해 산소호흡을 합니다. 산소는 세포 내에 있는 에너지 생성 기관인 미토콘드리아에서 전자전달계의 마지막 단계에서 쓰입니다. 미토콘드리아가 에너지를 생성하기 위해 양성자기울기를 형성하면 전자는 미토콘드리아 막의 안쪽 전자전달계로 이동하고 양성자는 막 바깥쪽에 쌓이는데 막 바깥쪽에 쌓인 양성자들은 ATP 신타아제라는 단백질을 통해 미토콘드리아 막 안으로 들어오고 양성자가 들어오는 힘(막 바깥에 있던 양성자의 양전하와 막 안쪽에 전달된 전자 간 인력)을 통해 ATP를 합성합니다. 막 안쪽으로 들어온 양성자는 전자전달계로 전달된 전자 그리고 산소와 만나 물이 되죠.

$4H^+ + 4e^- + O_2 \rightarrow 2H_2O$

그런데 이 과정에서 산소는 원래 한꺼번에 4개의 전자와 4개의 양성자를 받아들여야 하지만 가끔씩 전자가 다 전달되지 못하고 한 개나 두 개만 전달되면 산소가 완전히 환원되지 못해 반쪽짜리 산소환원체들인 과산화수소 ^{H_2O_2}, 초과산화이온 $^{O_2^-}$, 하이드록시라디칼 $^{OH \cdot}$ 등의 활성산소가 생깁니다. 이중에서 초과산화수소와 하이드록시라디칼은 짝짓지 못한 전자를 가지고 있는 자유라디칼입니다. 자유라디칼은 과산화수소보다 월등히 반응성이 크기 때문에 활성산소 중에서도 따로 분류하는 경우가 많습니다. 특히 하이드록시라디칼은 자연계에서 반응성이 가장 높은 종 중 하나입니다.

반응성이 높은 물질들은 주변에 있는 다른 물질들과 어떻게든 반응해 안정되려는 경향이 있습니다. 그래서 미토콘드리아가 산소호흡을 하는 과정에서 자유라디칼이 생성되면 주변의 다른 물질들을 공격합니다. 세포막을 공격하면 세포막이 손상되어 지질 과산화가 발생하고 DNA를 공격하면 DNA가 손상되어 돌연변이를 유발할 수 있죠. 단백질을 공격하면 단백질에 변형이 생겨 단백질 기능 이상이 발생할 수 있습니다. 이러한 이유로 자유라디칼이 많이 발생하면 세포에 문제가 생기고 우리 몸에 여러 가지 나쁜 영향을 미칠 수 있습니다. 그래서 자유라디칼이 노화의 주요 원인이라는 자유라디칼 이론도 생겨났죠. 자유라디칼 이론은 미국의 생화학자 덴햄 하먼 Denham Harman이 1956년 처음 제안한 이론으로 미토콘드리아 내의 산소호흡 과정에서 생긴 자유라디칼이 미토콘드리아의 DNA, 단백질, 세포막을 형성하는 지질 등을 손상시키고 이로 인해 미토콘드리아의 에너지 생산 기능이 떨어지면 미토콘드리아를 포함하고 있는 세포 기능이 망가지고 결국 세포의 죽음이 조직손상으로 이어져 노화에 이른다는 이론입니다.

물론 노화가 자유라디칼의 반응에 의해서만 발생하는 것은 아닙니다. 핵염색체의 텔로미어가 단축되면서 세포분열이 한계에 도달해 발생하기도 하고 염증의 만성화에 따라 노화가 진행되기도 합니다. 하지만 1950년대 중반 하먼이 자유라디칼 이론을 제안한 이래 1990년대까지 자유라디칼이 노화의 주요 원인으로 여겨지기도 했습니다. 그래서 자유라디칼과 먼저 반응해 자유라디칼을 안정시키는 항산화제를 먹는 것이 유행처럼 번지기도 했죠. 대표적인 항산화제로는 비타민 C, 비타민 E, 베타카로틴 등이 있습니다. 그리고 이러한 항산화제를 많이 먹으면 건강에 좋다는 인식이 있었죠. 하지만 2000년대 이후의 대규모 임상시험 연구결과를 보면 꼭 그렇지만은 않습니다. 항산화제를 많이 먹는다고 수명이 늘어나는 것은 아니라는 사실이 연구결과를 통해 반복적으로 확인되었고 동물실험 결과 항산화 유전자를 조작해도 기대만큼 수명이 길어지지 않았으며 오히려 적당한 자유라디칼은 세포 신호 전달과 생존에 필요하다는 연구 결과도 나오고 있습니다. 그래서 최근에는 항산화제를 무조건 많이 먹는 것이 좋은 것은 아니라는 인식이 자리잡고 있습니다. 특정 항산화제를 고용량으로 복용하는 것을 권장하지 않고 다양한 항산화 성분을 음식으로 섭취하는 것을 권장하고 있습니다.

4장

세균 간 공생을 통한 진핵 생명체의 탄생

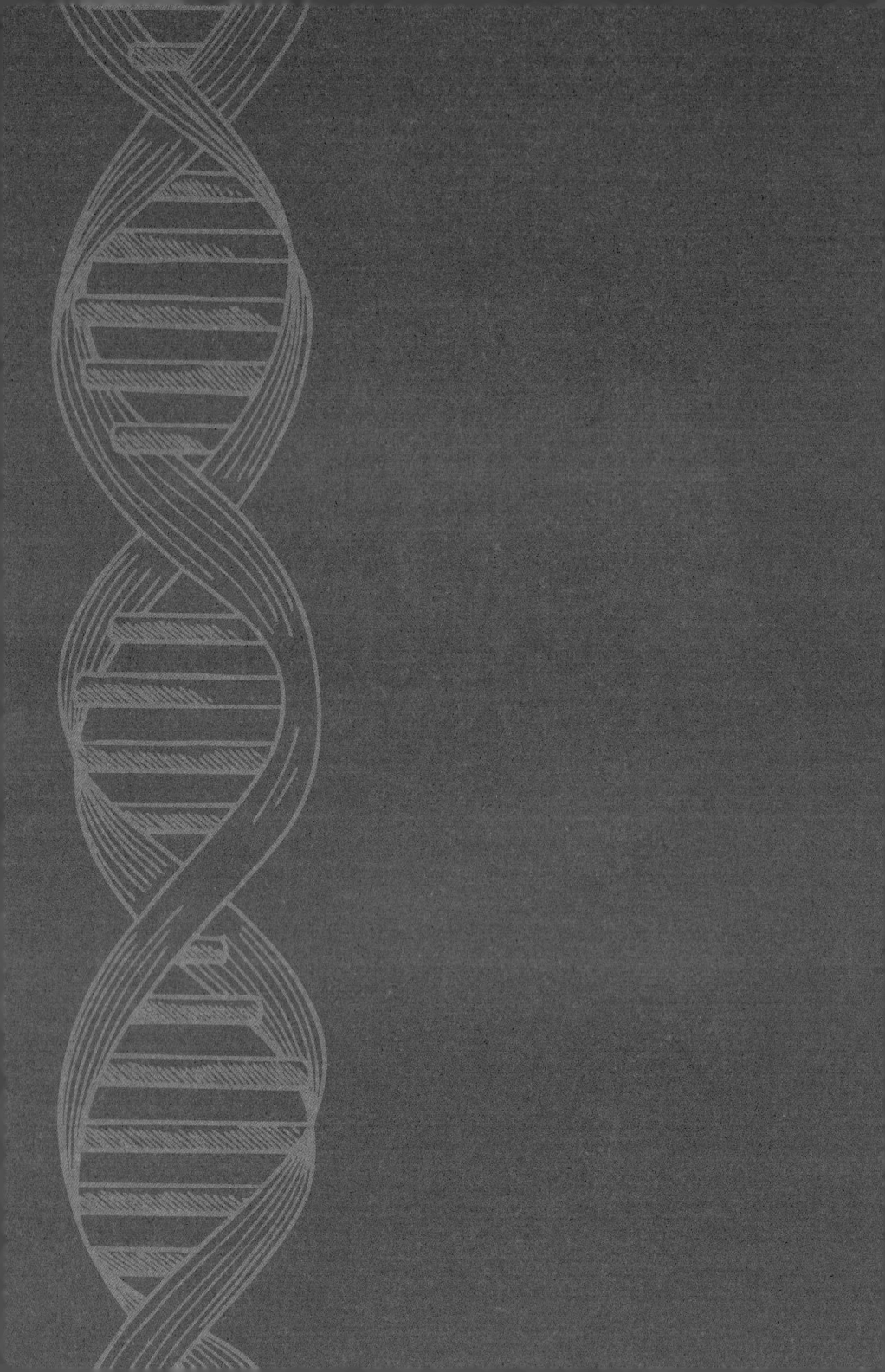

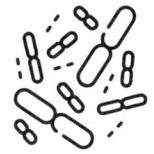

 1600년대 수제 현미경을 제작해 세계 최초로 미생물을 관찰한 판 레이우엔훅은 16살 때 네덜란드 암스테르담 포목점에서 견습생으로 일을 시작한 지 몇 년 후 자신의 고향인 델프트로 돌아와 자신의 포목점을 차렸습니다. 그리고 우리나라의 삼베와 비슷한 직물인 린넨과 실, 리본 등을 판매했죠. 또한 시 공무원으로 다방면에서 일했습니다. 시청 보안관을 보좌하고 법원 토지 측량사로 임명되고 때때로 델프트시의 공식 와인 감별사 역할도 했으니 다방면의 재능이 있었나 봅니다.

 하지만 그가 두각을 보인 분야는 따로 있었으니 바로 현미경 제조 능력이었습니다. 당시 네덜란드는 과학기술 황금시대로 불리던 시기로 복합망원경과 현미경 등이 네덜란드에서 발명되었습니다. 레이우엔훅은 2밀리미터 이하의 미세한 렌즈를 완벽히 대칭 형태로 만드는 데 독창적인 기술이 있었던 것으로 알려져 있습니다. 당시는 유리구슬을 연마재로 깎는 연삭 방식으로 렌즈를 제조하는 방법이 일반적이었는데 그는 유리를 불꽃에 넣고 잡아당겨 실 형태로 만들고 실 형태의 유리를 다시 불꽃에 넣어 렌즈를 제조했다고 합니다. 그가 이러한 렌즈를 만든 것은 그의 상점에서 거래하던 실의 품질을 좀 더 자세히 보기 위해서였죠.

그는 이렇게 만든 렌즈를 직사각형 놋쇠 사이에 끼우고 작은 핀을 이용해 자신이 보려는 물체를 고정한 후 나사를 이용해 거리를 조정할 수 있는, 현미경이라기보다 확대경에 가까운 장치를 제조해 작은 물체를 관찰했는데 초기에는 동물 털, 파리 머리, 씨앗, 고래 근육, 비듬, 황소 눈, 곰팡이, 벌, 이 sucking lice 등을 관찰했습니다. 이후 그의 현미경 제조기술은 점점 더 발전해 270배 이상의 고배율 현미경을 제조할 수 있었고, 델프트 근처 호수에서 떠온 물을 관찰하기 시작했습니다.

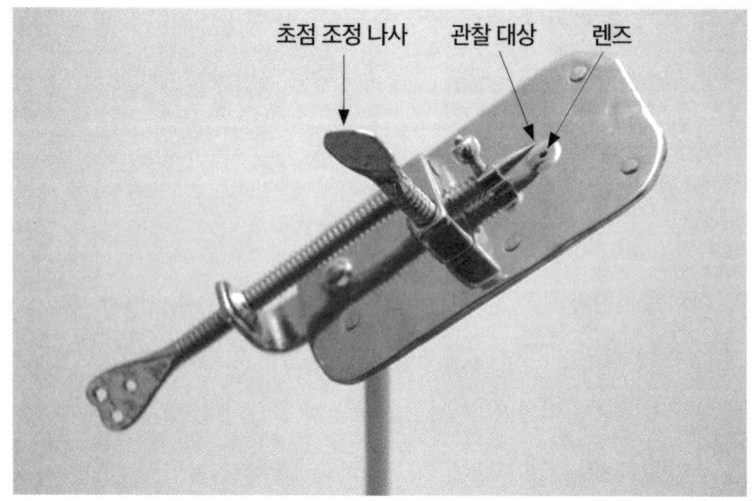

레이우엔훅이 만든 현미경(전체 크기는 약 3센티미터)

별것 없을 거라는 예상과 달리 호수에서 떠온 물방울 안에는 움직이는 다양한 생명체가 있었는데 바로 아메바류, 섬모충류, 편모충류 등 단세포 진핵생물인 원생동물이었습니다. 이러한 진핵생물은 단세포이지만 크기가 10~100마이크론으로 크기가 1~5마이크론인 세균이나 고세균보다 훨씬 큽니다. 그래서 레이우엔훅이 제작한 성능이 좋지 않은 현미경으로도 쉽게 관찰할 수 있었죠.

그렇다면 같은 단세포 생명체이지만 세균이나 고세균보다 훨씬 큰 이러한 진핵 생명체는 어떻게 생겨났을까요? 진핵 생명체를 비롯한 다양한 생물을 정확히 분류하고 진화적 관계를 밝히는 데는 1950년대부터 발달한 분자생물학이 큰 기여를 했습니다. 분자생물학은 분자 수준에서 생물을 이해하고 그 근원을 파악하는 학문이죠. 유전물질이 무엇인지 파악하게 해준 왓슨과 크릭의 DNA 이중나선 구조 제시를 시작으로 유전암호를 해독하고 염기서열을 분석하면서 분자생물학은 크게 발전했죠.

염기서열을 분석함으로써 세균을 체계적으로 분류할 기틀을 만든 미국 미생물학자 칼 워즈는 진핵생물과 원핵생물(세균이나 고세균)에 모두 공통으로 존재하는 소기관인 리보솜에 주목했습니다. 리보솜은 세포 내에서 단백질을 합성하는 소기관으로 단백질과 리보솜 RNA rRNA로 구성되어 있습니다. 1970년대 워즈는 리보솜 RNA 분자의 염기서열을 비교하는 방법을 개발하고 여러 세균의 염기서열을 비교·분석하는 연구 도중 고세균이라는 새로운 생물 영역을 발견했습니다. 이전까지는 생명체를 크게 진핵생물과 세균 두 가지로 분류했죠. 진핵생물은 동식물 모두 포함되는 생물 분류군이고 세균은 원핵생물을 의미합니다. 그런데 이 원핵생물 중에 세균과 다른 종류의 원핵생물이 있었던 것입니다.

1977년 칼 워즈는 16S 리보솜 RNA 염기서열 분석을 통해 세균과 구별되는 새로운 생물 그룹을 발견하고 이들을 세균bacteria과 구분해 고세균archaea(그리스어로 '고대'를 뜻함)이라고 명명했습니다. 유전자가 지나치게 변이가 많으면 비교하기 어렵고 반대로 너무 보존적이면 구분하기 어려운데 리보솜 RNA에서 특정 구간인 16S 리보솜 RNA에는 유전자가 보존된 구간과 변이된 구간이 적절히 혼재해 있어 진화적인 특성 연구와 계통 분류에 이상적인 구간으로 알려져 있습니다. 워즈는 이러한 연구를 통해 생명체를 진핵생물eukarya, 세균, 고세균 세 가지 영역으로 나누는 새로운 분류체계를 제시했죠. 그의 이러한 발견과 주장은 과학계에 큰 충격을 주었지만 이내 받아들여졌습니다. 특히 새로 발견된 고세균은 극한 환경에서도 생존할 수 있는 생물들로 생명체의 기원과 진화에 대한 새로운 통찰을 제시했습니다. 고세균의 발견은 초기 지구의 극한 환경에서 생명체가 어떻게 생존할 수 있었는지에 대한 중요한 단서가 되었던 것이죠.

지구는 약 45억 4,000만 년 전에 형성된 것으로 과학자들은 추정하고 있습니다. 초기 태양계가 형성되는 과정에서 먼지와 가스가 뭉쳐져 원시 행성들이 형성되었고 그중 하나가 지구인 것이죠. 초기 지구는 고온의 용융 상태였으며 시간이 지나면서 점점 식으면서 단단한 지각이 형성되었고 5억 4,000만 년이 지난 40억 년 전 원시대기를 가지게 되었습니다. 원시대기가 형성된 지구는 화산활동이 활발하고 대기에는 메탄, 암모니아, 수소, 물 등의 기체가 많았던 것으로 추측됩니다. 1950년대 밀러-유리 실험에서 이러한 조건에서 번개와 같은 에너지원이 제공되면 아미노산, 핵산 등 유기분자가 자연적으로 형성될 수 있음을 확인했죠. 이러한 유기분자들은 원시 바다에 축적되어 생명의 기본 구성요소인 아미노산, 당류, 지방산, 뉴클레오타이드 등의 다양한 분자를 형성했고 이들이 모든 생명체의 공통조상인 루카를 탄생시킨 것으로 추측하고 있습니다.

공통조상인 루카가 세균인지 고세균인지는 현재까지도 명확히 파악되지 않았고 과학계에서 논란이 되는 부분입니다. 하지만 초기 지구의 환경이 매우 높은 온도였고 산소가 없었으며 강한 산성 상태였던 것으로 추측되므로 높은 온도와 극한 환경에서 잘 살아가는 고세균이 루카였을 가능성이 있습니다. 고세균은 대부분 산소가 없는 환경에서 에너지 대사가 가능합니다. 산소 대신 황, 질산염, 황산염 등을 전자수용체로 사용해 에너지를 생산할 수 있고 심해 열수구에 서식하는 고세균들은 황화수소나 메탄과 같은 화학물질을 산화시켜 에너지를 얻을 수도 있습니다. 메탄 생성 고세균으로 분류되는 고세균은 이산화탄소와 수소를 반응시켜 메탄을 생성해 에너지를 얻습니다. 사람이나 동물이 방귀를 뀌면 메탄이 30~50퍼센트 섞여 나오는데 이 메탄을 만드는 세균이 동물의 장내에 서식하는 고세균입니다. 이러한 고세균이 약 35억 년 전 지구상에 나타난 것으로 추측되고 있죠.

이후 빛을 통해 광합성을 할 수 있는 세균의 일종인 남세균이 약 30억 년 전 등장해 이산화탄소를 흡수하고 산소를 방출해 대기에 산소가 점점 축적되었고 이는 산소를 사용해 호흡하고 에너지를 얻는 호기성 세균들이 생성되는 기반이 되었다고 여겨집니다. 남세균은 광합성 색소(엽록소)를 가지고 있어 빛에너지를 직접 흡수해 에너지를 얻을 수 있습니다. 광합성 과정에서 물을 전자와 양성자로 분해하고 산소를 방출하며, 생성된 전자와 양성자는 세포막으로 분리되어 전기화학적 기울기(양성자 농도차)를 형성하고, 이를 이용해 에너지를 저장할 수 있는 에너지 화폐인 ATP를 합성하죠. 나아가 포도당 등의 유기 화합물을 합성합니다.

약 30억 년 전 남세균들이 나타나 광합성을 통해 산소를 배출해 산소가 축적된 환경이 되면서 산소혁명이 일어났고 약 23억 년 전 산소호흡을 하는 호기성 세균이 생겨난 것으로 추측하고 있습니다. 호기성 세균은 산소를 이용해 에너지를 효율적으로 생산할 수 있었기 때문에 산소가 축적된 환경에서 큰 진화적 이점을 얻었습니다. 호기성 세균은 포도당과 같은 에너지원과 산소호흡을 통해 에너지를 얻는데 전체 산소호흡 과정에서 1분자의 포도당을 이용해 30~38개의 에너지 화폐인 ATP를 생성하기 때문에 산소가 없는 환경에서의 에너지 대사에 비해 훨씬 높은 에너지 생산효율을 제공합니다.

이후 고세균이나 세균(남세균과 호기성 세균 포함)과는 다른 단세포 진핵생물이 약 20억 년 전 생겨난 것으로 보고 있습니다. 세균과 고세균을 포함하는 원핵생물과 진핵생물 사이에는 세포 구조상 매우 큰 차이가 있습니다. 진핵생물의 세포는 핵과 막으로 둘러싸인 소기관을 가지

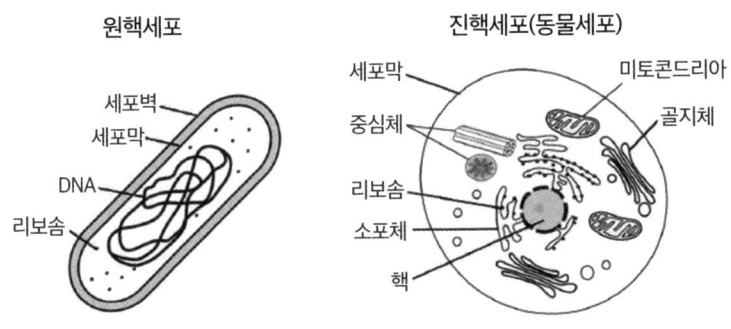

원핵세포와 진핵세포의 구조적 차이

고 있지만 원핵생물의 세포는 핵막도 없고 막으로 둘러싸인 소기관도 없는 매우 단순한 구조이기 때문입니다.

그런데 호기성 세균의 에너지 대사와 진핵세포의 소기관인 미토콘드리아의 에너지 대사는 거의 같습니다. 호기성 세균은 대체로 세포막이 하나이고 미토콘드리아는 세포막이 이중 막이어서 호기성 세균은 펌핑된 양성자가 세포막 바깥쪽에 쌓이고 미토콘드리아는 펌핑된 양성자가 이중 막 사이에 쌓이는 정도의 차이만 있습니다. 산소호흡을 하고 포도당을 에너지원으로 사용해 ATP를 생성하는 것도 같습니다. 물론 다른 유기물이나 무기물을 사용해 에너지를 얻는 호기성 세균도 있지만 대부분의 호기성 세균은 단당류(포도당, 과당(프럭토스), 젖당(갈락토스))나 다당류(셀룰로스, 글리코겐 등)를 에너지원으로 사용하죠.

진핵세포의 특이한 점은 또 있습니다. 진핵세포의 소기관인 미토콘드리아는 진핵세포의 핵과는 다른 독립적인 DNA를 가지고 있으며 스스로 분열할 수 있습니다. 심지어 하나의 진핵세포 내 미토콘드리아들이 서로 다른 DNA를 가질 수도 있습니다. 이러한 특징들은 미토콘드리아가 독립적인 생명체였을지도 모른다는 의심을 갖게 하기에 충분합니다. 식물에서 발견되는 세포 소기관인 엽록체도 마찬가지입니다. 엽록체도 독립적인 DNA를 가지고 있으며 스스로 분열할 수 있습니다. 그리고 엽록체의 에너지 대사는 광합성을 하는 남조류와 비슷하죠. 그렇다면 미토콘드리아와 엽록체는 정말 독립적인 생명체였을까요?

미국 생물학자 린 마굴리스 Lynn Margulis는 1967년 논문을 통해 진핵세포의 미토콘드리아와 엽록체가 독립적인 세균이었고 서로 공생하면서 진화했다는 공생설을 주장했습니다. 공생설은 진핵세포가 단순한 원핵생물들이 서로 공생관계를 통해 복잡한 세포로 진화했다는 이론이죠. 공생설에 따르면 20~25억 년 전 산소 농도가 증가하는 초기 지구에서 호기성 세균이 산소를 사용하는 대사 능력을 갖추게 되었고 이 호기성 세균 중에 프로테오박테리아가 고세균과 같은 혐기성 원핵생물 중 메탄생성 고세균에 의해 흡수되어 공생관계를 이루었다는 것입니다.

이렇게 공생관계를 이룬 생명체는 세포 내부에서 산소를 활용해 에너지를 생산했기 때문에 세포 자체의 크기가 커질 수 있었습니다. 원핵생물은 에너지 대사를 할 때 세포막이 매우 중요한 역할을 하기 때문입니다. 세포막에 양성자가 쌓여 전기화학적 기울기(양성자 농도차)를 형성해야만 에너지를 만들 수 있는데 이는 전적으로 세포막 표면적에 좌우됩니다. 즉 세포의 크기를 키우고 싶으면 세포의 표면적이 커져야 하는데 체적이 커지는 것에 비례해 표면적을 키우기는 쉽지 않습니다. 세포의 크기가 커지면서 부피가 늘어나는 비율과 표면적이 늘어나는 비율은 차이가 나기 때문이죠. 세포가 구형이라고 생각하면 이해하기 쉽습니다. 반지름이 커지면 구의 부피($V=4/3\pi r^3$)는 반지름의 세제곱에 비례해 커집니다. 반면 구의 표면적($S=4\pi r^2$)은 제곱에 비례합니다. 세균은 표면인 세포막에서 에너지를 얻는데 에너지를 얻는 세포막은 반지름의 제곱에 비례해 커지는 반면 에너지를 사용하는 세포의 체적은 반지름의 세제곱에 비례해 커지죠. 그래서 원핵세포는 크기를 키울 수 없고 단순한 구조를 가질 수밖에 없는 것입니다.

하지만 공생관계를 이루어 세포 내에서 에너지 대사가 일어나면 세포의 크기를 키우는 것이 가능합니다. 세포 내에 호기성 세포가 소기관으로 자리잡고 에너지 대사를 통해 ATP를 생성하면 세포가 커짐에 따라 소기관의 개수가 늘어나며 그에 맞는 에너지를 생성하면 되기 때문입니다. 그래서 진핵세포는 원핵세포에 비해 크기가 상당히 커졌습니다.

마굴리스가 공생설을 주장할 당시 대부분의 과학자들은 진핵세포 내 소기관들이 진화적으로 독립된 기원을 가진다고 믿었기 때문에 처음에는 큰 반향을 얻지 못했습니다. 하지만 DNA 염기서열 분석법이 발전하면서 1980년대와 1990년대에 미토콘드리아의 DNA가 호기성 세균인 알파-프로테오박테리아와 매우 비슷하다는 연구결과가 발표되었습니다. 식물에 있는 또 다른 소기관인 엽록체의 DNA가 남세균(시아노박테리아)과 비슷하다는 분자생물학적 증거도 밝혀졌죠. 이후 공생설은 학계의 지지를 얻었습니다. 공생설은 현재 진핵세포 기원에 대한 주요 이론으로 자리잡았으며 생물학 교과서에도 실려 있습니다. 공생설에 기반해 현재 과학자들이 추정하는 진화 과정은 다음과 같습니다.

❶ 생명의 기원: 최초의 원시 생명체(~38억 년 전)

지구가 형성된 이후 약 38억 년 전 최초의 생명체가 출현했다. 이 생명체는 원시 바다에서 화학적 진화 과정으로 생겨난 단세포 생물이었을 것으로 추측된다. 원시 생명체는 산소가 없는 혐기성 환경에서 생존하며 화학물질을 에너지원으로 사용하는 원시적인 세포 구조를 가지고 있었다. 고세균과 산소호흡을 하지 않는 혐기성 세균이 원시 생명체에 속한다.

❷ 광합성의 출현과 산소혁명(~30억 년 전)

약 30억 년 전 세균 중 일부가 진화해 광합성 세균(남세균)이 나타나며 태양 에너지를 사용해 물과 이산화탄소로부터 에너지를 얻고 산소를 방출하는 광합성을 시작했다. 이로 인해 지구 대기에 산소가 점점 축적되면서 약 24억 년 전 '산소혁명'이 일어났다. 산소는 초기 생명체들에게 독성이 었지만 산소에 적응한 생명체들이 등장하면서 호흡을 통해 더 많은 에너지를 생산할 수 있는 호기성 세균이 생겨났다.

❸ 진핵생물의 등장(~20억 년 전)

약 20억 년 전 고세균과 세균이 공생해 더 복잡한 세포 구조를 가진 진핵생물이 출현했다. 진핵생물은 미토콘드리아(호기성 세균이 진핵세포 안으로 들어가 공생하다가 분화)와 같은 세포 소기관을 갖춘 세포 구조를 가지고 있었고 일부는 광합성을 할 수 있는 엽록체(남세균에서 진화)도 포함하게 되었다.

❹ 다세포 생물의 출현(~10억 년 전)

단세포 진핵생물들이 군집생활을 통해 서로 협력하기 시작하면서 다세포 생물이 등장했다. 다세포 생물은 세포들이 특정 역할을 분화하며 조직과 기관을 형성할 수 있게 되어 더 큰 개체로 성장할 수 있었다. 이로 인해 다양한 형태의 생물들이 출현할 수 있었고 바다에서 여러 생명체가 진화하기 시작했다.

❺ 캄브리아기 대폭발(~5억 4,000만 년 전)

약 5억 4,000만 년 전 생물 다양성이 급증한 '캄브리아기 대폭발'이 발생했다. 이 시기에 다양한 무척추동물이 바다에 나타났으며 갑각류, 연체동물, 척추동물의 조상들이 출현했다. 이 시기는 생물들이 갑자기 다채롭고 복잡한 형태로 진화하면서 이후 생물계의 기초를 형성하는 중요한 시기로 여겨진다. 《눈의 탄생》이라는 책은 이 시기에 최초로 눈을 가진 생명체(삼엽충)가 생겨나면서 생물의 다양성이 폭발적으로 증가했다는 '빛 스위치' 이론을 주장했다.

❻ 척추동물의 진화와 육상 진출(~4억 년 전)

해양 생태계에서 초기 척추동물인 물고기가 진화하면서 이후 몇몇 생물이 물 밖으로 나와 육지로 진출하기 시작했다. 양서류는 최초로 육지와 물에서 모두 생활할 수 있었던 생물로 육상 생태계를 형성하는 데 기여했다. 이후 파충류가 진화해 육지에서 더 적응하며 번성하게 되었고 이는 곧 공룡의 출현으로 이어졌다.

❼ 포유류와 조류의 등장(~2억 년 전)

중생대 동안 파충류 중 일부는 작은 털을 가진 동물로 진화해 초기 포유류가 되었고 다른 그룹은 날아다니는 조류로 진화했다. 포유류는 다양한 환경에 적응하며 나뭇가지에서 생활하거나 땅을 파고 땅속에 들어가 사는 형태로 발전했다. 공룡이 멸종한 이후 포유류는 대멸종 사건에서 살아남아 지구의 주요 생명체로 자리잡았다.

❽ 인류의 조상과 영장류의 진화(~700만 년 전)

영장류 중 일부는 직립보행을 시작하며 이후 인류의 조상으로 이어졌다. 초기 인류는 두뇌가 커지고 도구를 사용하는 능력이 생기면서 점점 복잡한 사회 구조와 문화를 발전시켰다. 인간은 도구 사용과 언어, 문화를 발전시키며 전 세계로 퍼져나갔고 농업과 산업화를 통해 자연환경을 크게 변화시키기 시작했다. 그로 인해 지구 온도가 지속적으로 올라가는 기후변화 위기에 직면하고 있기도 하다.

1859년에 출간된 찰스 다윈의 《종의 기원》에서는 이러한 진화 과정을 몇 가지 중요 포인트로 설명하고 있는데 그 핵심은 '생명체에서는 변이가 일어나고 생존경쟁을 하며 자연선택에 따라 환경에 잘 적응하는 종이 살아남고 특정 환경에 유리한 변이를 가진 종이 생겨나면 변이를 공유하며 매우 느리고 점진적으로 이러한 진화가 일어났고 모든 생명체는 공통조상이 있다'라는 것입니다. 현재 이러한 핵심 내용은 대부분 사실로 밝혀지며 160여 년 전 생명체에 대해 이러한 통찰력을 가졌던 다윈에 대한 재조명이 이루어지고 있습니다.

빵과 술을 만드는 발효

세균을 분류하는 방법은 여러 가지가 있습니다. 그중 하나가 호흡을 할 때 산소를 이용하는 방식에 따라 호기성 세균과 혐기성 세균으로 나눌 수 있습니다. 호기성 세균은 호흡을 할 때 산소를 필요로 하는 세균이고 혐기성 세균은 호흡을 할 때 산소가 필요 없는 세균입니다. 어떤 세균은 산소가 조금이라도 있으면 죽죠. 그래서 이런 세균들은 산소가 없는 환경인 늪지대 바닥이나 동물의 대장 속에서 살아갑니다.

세포공생을 통해 생겨난 진핵생물 중에는 산소가 있으면 산소호흡을 하다가 산소가 없으면 무산소호흡인 발효를 통해 살아가는 효모^{yeast}도 있습니다. 발효는 생명체가 필요로 하는 ATP를 만드는 과정은 아닙니다. 진핵세포에서 포도당을 통해 ATP를 만드는 과정을 살펴보면 처음에 세포막에 있는 포도당 수용체를 통해 포도당이 세포 안으로 들어옵니다. 세포 안으로 들어온 포도당은 세포 내부를 채우고 있는 점액 형태의 물질인 세포질에서 분해되어 피루브산과 ATP를 만드는데 이때 세포질에 있던 NAD+가 NADH로 변합니다. 이 과정이 포도당을 분해하는 과정이어서 해당^{解糖} 과정이라고 부르죠. NAD는 Nicotinamide Adenine Dinucleotide의 약자로 산화형은 NAD+, 환원형은 NADH로 줄여 부릅니다.

산소가 있을 경우에는 피루브산이 미토콘드리아 내부로 들어가 미토콘드리아의 산소호흡을 통해 ATP로 생성되고 이 과정에서 NADH는 전자전달계에 전자를 전달하면서 산화되어 NAD+로 되돌아옵니다. 그러면 그 과정에서 다시 NADH로 환원될 수 있죠. 그런데 산소가 없으면 미토콘드리아에서 산소호흡을 할 수 없기 때문에 NADH가 NAD+로 산화될 수 없습니다. 그러면 ATP도 전혀 만들 수 없게 되죠. 이러한 상황에서 효모는 세포질에서 발효과정을 진행시켜 피루브산을 에탄올과 이산화탄소로 만들고 그 과정에서 NADH를 NAD+로 산화시킵니다. 그러면 그 과정에서 ATP를 만들 수 있죠.

효모의 입장에서 보았을 때 에너지 효율적인 측면을 고려하면 발효는 별로 좋은 방법은 아닙니다. 미토콘드리아에서 산소호흡을 하면 ATP를 12개 이상 만들 수 있지만 발효를 하면 ATP는 못 만들고 에탄올을 만들게 되죠. 하지만 산소가 없는 상황에서 적은 양의 ATP라도 만들 수 있는 방법이기 때문에 효모는 발효와 같은 비효율적인 방법으로 살아남는 것이죠.

그런데 이러한 비효율적인 방법이 인간에게는 매우 다행스러운 일입니다. 효모의 이러한 비효율적인 발효를 통해 인간은 빵과 술을 만들 수 있었으니까요. 빵을 만들 때 재료에 효모를 넣어주고 숙성시키면 이스트가 발효 과정에서 이산화탄소를 만들고 이 이산화탄소 덕분에 부풀어 오릅니다. 부풀어 오른 재료를 오븐에서 구우면 폭신폭신한 빵이 만들어지는 것이죠.

술도 효모의 발효 과정에서 만듭니다. 막걸리를 예로 들면 쌀로 밥을 지은 후 효모가 들어 있는 누룩과 섞고 물을 부어두면 누룩에 있는 아밀라제가 탄수화물을 분해해 포도당을 만들고 효모가 분해된 포도당을 발효 과정에서 에탄올과 이산화탄소로 분해하면 이산화탄소가 물에 녹아 탄산이 되고 에탄올 성분 때문에 술이 되는 것이죠.

5장

인체의 에너지 발전소, 미토콘드리아

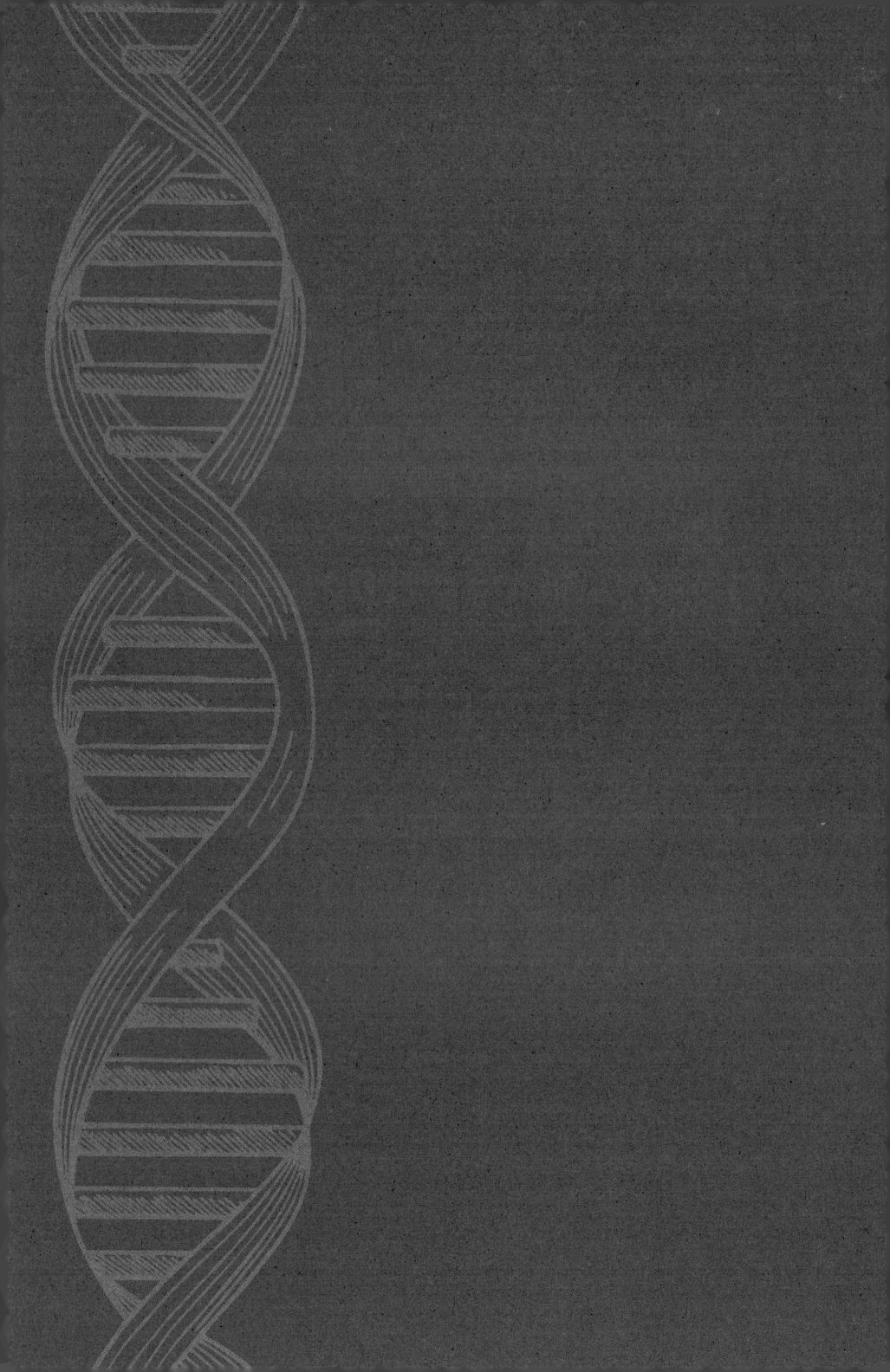

제가 대학을 다닐 당시 《쥬라기 공원》이라는 책이 베스트셀러였했습니다. 유전공학을 통해 멸종된 공룡을 복원하고 이를 기반으로 사람들이 놀 수 있는 테마파크인 쥬라기 공원을 만들지만 결국 공룡들이 통제 불능 상태가 되면서 여러 가지 문제를 일으키는 내용으로 영화로도 만들어져 더 유명해졌죠. 실제 테마파크인 유니버설 스튜디오에도 쥬라기 공원을 테마로 한 다양한 어트랙션이 있죠. 그렇다면 과학적으로 공룡을 복원하는 것은 가능할까요? DNA는 유기물질이므로 시간이 지나면 자연적으로 분해됩니다. 지금까지 발견된 가장 오래된 DNA는 약 100만 년 정도의 것으로 공룡의 멸종 시기인 약 6,600만 년 전과는 큰 차이가 있으며 공룡의 완전한 DNA를 확보하는 것은 현재의 과학기술로는 거의 불가능하다고 볼 수 있습니다.

공룡의 완전한 DNA를 확보하더라도 공룡을 복원하려면 공룡의 체세포가 필요합니다. 생명체의 발현 과정은 단백질과 DNA 간 복잡한 상호작용으로 진행되므로 공룡의 DNA만으로 공룡을 복원하는 것은 사실상 거의 불가능합니다. 또한 진핵세포 생명체에는 핵의 DNA뿐만 아니라 미토콘드리아와 같은 세포 소기관의 DNA가 별도로 존재합니다. 미토콘드리아는 진핵세포 내에서 에너지발전소 역할을 하는 중요한 소기관입니다. 세포 내에는 미토콘드리아가 하나만 있는 것도 아닙니다. 세포 하나에 수백 수천 개의 미토콘드리아가 존재할 수 있습니다. 또한 하나의 세포에서도 미토콘드리아 간에 DNA 차이가 있을 수 있습니다. 이러한 미토콘드리아 DNA의 차이는 세포 기능과 건강에 중요한 영향을 미칠 수 있죠.

미토콘드리아는 모계로만 유전됩니다. 모계에서 물려받는 난자와 부계에서 물려받는 정자가 수정할 때 정자의 미토콘드리아는 수정 후 대부분 분해되거나 기능을 잃기 때문에 실질적으로 자손에게 전달되지 않고 수정할 때 대부분의 세포질을 제공하는 난자에 포함되어 있던 미토콘드리아가 후손에게 전달되기 때문이죠. 그래서 '미토콘드리아 이브'라는 표현을 쓰기도 합니다. 미토콘드리아 이브는 오늘날 살아가는 모든 인류의 공통조상으로 추정되는 미토콘드리아입니다. 즉 어머니의 어머니의 어머니, 이런 식으로 계속 올라가다 보면 조상 미토콘드리아가 있다는 뜻입니다.

진핵세포에 에너지를 공급하는 미토콘드리아가 없었다면 단세포 생명체에서 고등생명체로의 진화는 거의 불가능했을 겁니다. 단세포 생명체의 에너지 대사 방식으로는 생명체의 몸집을 키우는 것이 굉장히 어렵기 때문이죠. 그래서 미토콘드리아를 '진화의 숨은 지배자'라고도 부릅니다. 이렇게 중요한 미토콘드리아는 어떻게 생겨난 것일까요?

리케차라는 세균이 있습니다. 다른 세포에 들어가 기생하며 사는 기생 세균으로 주로 진드기와 벼룩 등을 통해 인간이나 동물에게 전파되어 다양한 질병을 유발하죠. 리케차는 산소호흡을 하는 호기성 세균으로 숙주의 세포 기질 내에서만 생존하고 증식할 수 있습니다. 진핵생물의 세포 내부에 기생하며 독립적인 배양은 할 수 없는 세균이죠. 리케차가 유발하는 질병으로 발진티푸스가 대표적입니다. 벼룩으로 옮는 질병인 발진티푸스는 고열, 두통, 근육통, 발진, 혼수상태 등의 증상을 일으키고 심하면 사망에 이르게 하는 무서운 질병입니다. 살인 진드기로 유명한 털진드기의 유충이 사람을 물어 걸리는 쯔쯔가무시 병도 발진티푸스의 일종입니다.

그런데 병원균으로 알려진 리케차 세균과 진핵세포 내 에너지발전소인 미토콘드리아는 산소호흡을 하고 세포 내에서 번식하는 비슷한 특징이 있습니다. DNA의 염기서열 분석 연구에 따르면 리케차와 미토콘드리아는 알파-프로테오박테리아의 한 갈래에서 진화한 것으로 파악되고 있죠. 즉 미토콘드리아와 리케차는 공통조상을 공유한다고 볼 수 있습니다. 그런데 공통조상에서 갈라져 나온 한 무리는 원시 진핵세포 내에서 공생관계를 형성하며 세포 내 소기관으로 자리잡아 다양한 생명체의 진화에 큰 기여를 한 반면 다른 한 무리는 숙주세포 내에서 병원성으로 살아남는 방법을 택한 것이죠. 참 아이러니합니다.

미토콘드리아는 세포 내에서 에너지를 생성하는 주요 기관으로 생명체의 에너지 대사에서 핵심 역할을 합니다. 미토콘드리아의 에너지 대사는 주로 호흡 과정을 통해 이루어지며 이를 통해 모든 생명체의 에너지 화폐인 ATP를 생성하죠. 구조를 살펴보면 미토콘드리아는 외막과 내막 두 개의 막으로 둘러싸여 있습니다. 외막은 비교적 투과성이 높아 작은 분자들이 자유롭게 통과할 수 있고 내막은 매우 선택적인 투과성을 가지며 크리스타 crista라는 주름을 통해 표면적을 확장해 효율적인 에너지 생산을 할 수 있는 형태입니다. 내막과 외막 사이에는 막사이 공간 intermembrane space을 가지고 있죠.

미토콘드리아가 ATP를 생성하는 과정에서 NADH와 FADH$_2$가 중요한 역할을 합니다. 탄수화물과 지방 모두 미토콘드리아 내부로 들어가 NADH 또는 FADH$_2$가 된 후 ATP로 전환되니까요. NADH는 NAD$^+$의 환원형 물질로 NAD$^+$는 니코틴아마이드 아데닌 다이뉴클레오타이드 nicotinamide adenine dinucleotide 양이온을 의미합니다. FADH$_2$는 플라빈 아데닌 다이뉴클레오타이드 flavin adenine dinucleotide의 환원형 물질입니다. NAD$^+$와 FAD를 포함해 NADH와 FADH$_2$ 모두 조효소에 해당하죠. 조효소 coenzyme는 효소가 제대로 기능하는 데 반드시 필요한 작은 유기분자입니다. 일반적으로 효소는 생화학적 반응을 매개하지만 효소 단독으로는 촉매 작용을 수행하기 어려운 경우가 많습니다. 이때 효소와 함께 작용해 반응을 완수하도록 도와주는 보조 분자가 조효소입니다.

탄수화물과 지방이 미토콘드리아에 들어가면 여러 과정을 거쳐 NADH 또는 FADH$_2$가 만들어집니다. 그리고 만들어진 NADH나 FADH$_2$는 미토콘드리아의 내막을 사이에 두고 전자전달계로 이동하면서 내막 바깥쪽에 형성된 양성자 기울기를 통해 ATP를 생성합니다.

이 과정을 산화적 인산화라고 부릅니다. 내막 바깥쪽에 형성된 양성자 기울기는 ATP 합성 효소를 통해 미토콘드리아 내막 안쪽인 기질matrix로 돌아가려는 경향이 있는데 이때 ATP 합성 효소는 양성자가 흐르는 에너지를 이용해 ADP와 무기 인산을 결합시켜 ATP를 생성하는 것이죠. 이 과정을 통해 대량의 ATP가 생성됩니다. 간단히 말해 내막 바깥쪽에 모인 양성자들이 다시 내막 안쪽으로 들어가려는 움직임을 이용해 ATP를 생성하는 겁니다. 일반적으로 NADH 1분자당 약 2.5ATP, $FADH_2$ 1분자당 약 1.5ATP가 생성됩니다.

탄수화물의 경우 미토콘드리아의 세포질 밖에서부터 NADH 생성이 시작됩니다. 세포질 바깥의 당 분해 과정에서 포도당 한 분자가 두 개의 피루브산 분자로 분해되면서 2분자의 ATP, 2분자의 NADH도 동시에 생성합니다. 그리고 피루브산이 아세틸-CoA로 변환되며 이 과정에서 이산화탄소와 추가적인 NADH가 생성됩니다. 그리고 시트르산 회로를 통해 세 개 분자의 NADH와 한 개 분자의 $FADH_2$를 추가로 생성하죠.

지방의 경우 지방산으로 분해된 후 미토콘드리아에서 베타산화를 통해 NADH와 $FADH_2$로 생성됩니다. 생성되는 NADH와 $FADH_2$의 개수는 지방산의 탄소 길이에 따라 달라집니다. 베타산화는 한 횟수가 진행될 때 두 개의 탄소가 잘려 나오므로 만약 탄소 개수가 네 개라면 한 번, 여섯 개라면 두 번 진행됩니다. 일반적으로 생물 내에서 가장 흔히 관찰되는 지방산의 길이는 주로 C14~C22 정도이므로 중간값인 탄소 18개를 예로 들면 베타산화는 여덟 번 일어나죠. 그리고 베타산화한 회당 한 개의 NADH와 한 개의 $FADH_2$가 생성되기 때문에 여덟 개의 NADH와 여덟 개의 $FADH_2$가 생성됩니다. 비슷한 크기의 탄수화물보다 많은 양이 생성되죠.

이렇게 생성된 NADH와 $FADH_2$는 위에서 설명한 양성자 기울기와 산화적 인산화 과정을 통해 모두 에너지 화폐인 ATP로 전환되어 생명체가 에너지를 쓸 수 있는 상태가 되죠. ATP는 세포의 모든 생리적 과정에 필요한 에너지를 제공합니다. 그리고 에너지원인 ATP를 만드는 것이 미토콘드리아죠. 그래서 미토콘드리아의 정상적 기능은 세포의 생존과 건강에 필수적입니다. 세포의 생존과 건강은 생명체의 건강과 직결되므로 미토콘드리아가 정상적으로 작동하지 않으면 여러 가지 질병에 걸릴 수 있습니다. 현대인의 고질병인 당뇨병, 비만, 노화 관련 신경퇴행성 질환인 파킨슨병, 알츠하이머병 등이 미토콘드리아 기능 저하와 밀접한 관련이 있는 것으로 알려져 있습니다.

미토콘드리아가 정상 기능을 하도록 센서 역할을 하는 물질 중에 AMPK^{AMP-activated protein kinase}가 있습니다. 생명체의 에너지원인 ATP가 에너지를 소모하면 인산기 하나가 떨어져 나가면서 ADP(아데노신 이인산)가 되고 추가로 에너지를 사용하면 인산기 하나가 더 떨어져 나가면서 AMP(아데노신 일인산)가 되는데 AMPK는 AMP 활성화 단백질 키나제의 약자로 세포 내 에너지 항상성을 조절하는 중요한 효소입니다. AMPK는 세포 내에서 에너지가 부족해 AMP가 많아지고 ATP가 부족한 상황이 되면 활성화됩니다.

에너지가 부족한 상태에서 활성화되는 AMPK의 주요 기능은 에너지 생성촉진과 에너지 소비 억제입니다. AMPK는 포도당 분해를 촉진해 ATP 생산을 증가시키고 지방산 분해를 활성화해 미토콘드리아의 에너지 생산을 증가시킵니다. 그리고 지질이나 단백질 합성을 억제해 에너지 소비를 억제하죠. 생명체가 운동을 하면 운동할 때 근육에서 AMP 농도가 증가해 AMPK가 활성화되고 이는 에너지 생산을 촉진하며 근육의 내구성을 향상시키는 결과로 이어지죠. 지방산 분해를 활성화하므로 지방 대사를 조절해 체중 관리에 기여할 수도 있습니다. 데이비드 싱클레어의 저서 《노화의 종말》에 언급된 항노화 약물로 소개된 메트포르민이 AMPK와 연관 있습니다.

원래 메트포르민은 주로 제2형 당뇨병 치료에 사용되는 혈당 강하제입니다. 비구아나이드biguanide 계열 약물로 분류되며 체내 인슐린 분비를 증가시키기보다 간의 포도당 생성 억제와 말초조직(근육 등)에서의 인슐린 감수성 향상을 통해 혈당을 조절합니다. 선천적인 원인으로 발병하는 제1형 당뇨병과 달리 제2형 당뇨병은 인슐린 저항성과 인슐린 분비장애가 복합적으로 일어나 혈당이 만성적으로 높아지는 대사성 질환입니다. 나이가 들수록 많이 발생하고 전 세계적으로 가장 흔한 당뇨병 유형입니다.

그런데 일부 연구에서 메트포르민을 복용하는 제2형 당뇨병 환자들의 수명이 일반인보다 높은 것으로 알려지며 항노화 기능이 있는 것으로 알려졌죠. 메트포르민이 작용하는 주요 기전은 간에서의 포도당 생성 억제, 말초조직에서의 인슐린 감수성 증진, 장내 포도당 흡수 억제, AMPK 활성화라고 할 수 있습니다. 여러 연구에서 AMPK가 활성화되면 노화 관련 손상을 늦추거나 노화 과정에 긍정적 영향을 미칠 수 있다는 결과들이 보고되고 있습니다. 즉 AMPK 활성화가 건강수명을 연장하는 데 도움이 될 수 있다는 것이죠.

인체의 에너지 센서 AMPK

휴대전화를 사용하다보면 배터리에 충전된 전기가 거의 다 소모되는 경우가 있습니다. 이럴 때 절전모드를 사용하면 배터리가 더 오래 가죠. 절전모드를 사용하면 우선 화면 밝기를 감소시키고 사용하지 않는 앱의 데이터 사용을 중지시키며 중앙처리장치^{CPU}의 성능을 제한해 전력 소모를 줄입니다. 이렇게 배터리의 전력이 모자랄 때 절전모드를 사용하면 전력소모를 줄여 휴대전화를 사용할 수 있는 시간을 늘려줍니다. 그런데 우리 몸에도 비슷한 기능이 있습니다. 우리 몸에서 배터리처럼 사용하는 물질은 미토콘드리아에서 생성되는 ATP입니다. 그런데 머리를 많이 쓰거나 몸을 많이 움직여 ATP가 모자라게 되면 우리 몸에서도 절전모드를 켜기 위한 센서 같은 물질이 있는데 이것이 바로 AMPK입니다. AMPK는 세포의 '에너지 센서' 역할을 하는 물질로 소단위체$^{α, β, γ}$로 이루어진 복합 단백질입니다.

이 AMPK의 주 역할은 세포의 에너지 상태를 감시하고 에너지가 부족할 때 휴대전화의 절전모드와 비슷하게 세포를 생존 모드로 전환시키는 것입니다. 세포에서 배터리처럼 사용하는 물질인 ATP는 아데노신에 인산 음이온 세 개가 붙은 형태로 음이온끼리의 반발력 때문에 마치 고무줄을 잡아당겨 놓은 새총처럼 에너지가 많은 상태의 물질입니다. 세포에서 ATP를 이용해 에너지를 사용하면 인산이 하나 떨어져나가 ADP가 되고 하나 더 떨어져나가면 AMP가 되는데 AMP는 인산 음이온이 두 개나 떨어져나갔기 때문에 에너지가 거의 없는 상태의 물질이죠. 세포 안에서 ATP가 줄고 AMP가 많아지면 AMPK의 γ 서브유닛에 AMP가 결합되어 구조가 변화되고 이를 통해 생존모드가 활성화됩니다. AMPK가 활성화되면서 생존모드가 켜지면 에너지 절약과 에너지 생산을 동시에 지시합니다. 우선 에너지를 소모하는 활동을 억제하죠. 몸에 필요한 단백질을 합성하거나 지방을 합성하는 활동을 억제합니다. 세포성장이나 분열도 마찬가지로 억제되죠. 그리고 에너지를 만드는 활동을 활성화합니다. ATP를 만들 수 있는 포도당 흡수를 촉진하고 베타산화 활성화를 통해 지방산화도 촉진시킵니다. 그리고 ATP를 만드는 세포 내 에너지공장인 미토콘드리아 생성도 증가시킵니다. 이러한 과정은 세포분열이 억제되고 포도당 및 지방 사용이 증가하기 때문에 현대인의 성인병인 비만, 당뇨, 고지혈증, 고혈압 등을 한꺼번에 없앨 수 있는 프로세스입니다. 그래서 최근 생존모드를 활성화하는 것에 대한 관심이 매우 높죠.

그렇다면 어떻게 AMPK를 활성화해 생존모드를 켤 수 있을까요? 가장 좋은 방법은 운동입니다. 운동을 하면 근육에서 ATP 소모가 많아져 ATP를 AMP로 만들고 AMP는 AMPK와 결합해 생존모드를 켜는 역할을 하죠. AMPK를 활성화하는 또 다른 방법은 칼로리 제한입니다. 금식이나 다이어트를 하면 혈액 속 혈당이 감소하기 때문에 미토콘드리아에서 ATP를 충분히 생성하지 못하게 되어 ATP에 비해 AMP가 많아지고 많아진 AMP는 마찬가지로 AMPK와 결합해 생존모드를 켜죠.

마지막으로 약물 복용도 AMPK를 간접적으로 활성화시키는 것으로 알려져 있습니다. 양파에 많이 든 것으로 알려진 퀘르세틴이나 적포도주에 많이 든 것으로 알려진 레즈베라트롤 등은 AMPK를 간접적으로 활성화시키는 것으로 알려져 있습니다. 녹차에 든 것으로 알려진 카테킨도 산화스트레스를 유도해 AMPK를 활성화시키죠. 마늘에 든 것으로 알려진 알리신 성분은 에너지 대사에 영향을 미쳐 AMPK를 활성화시키고 당뇨약으로 알려진 메트포르민은 미토콘드리아의 내막에 있는 전자전달계를 부분적으로 억제해 ATP 생산을 막아 AMPK를 활성화시킵니다.

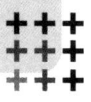

6장

우리 몸을 형성하는 단백질

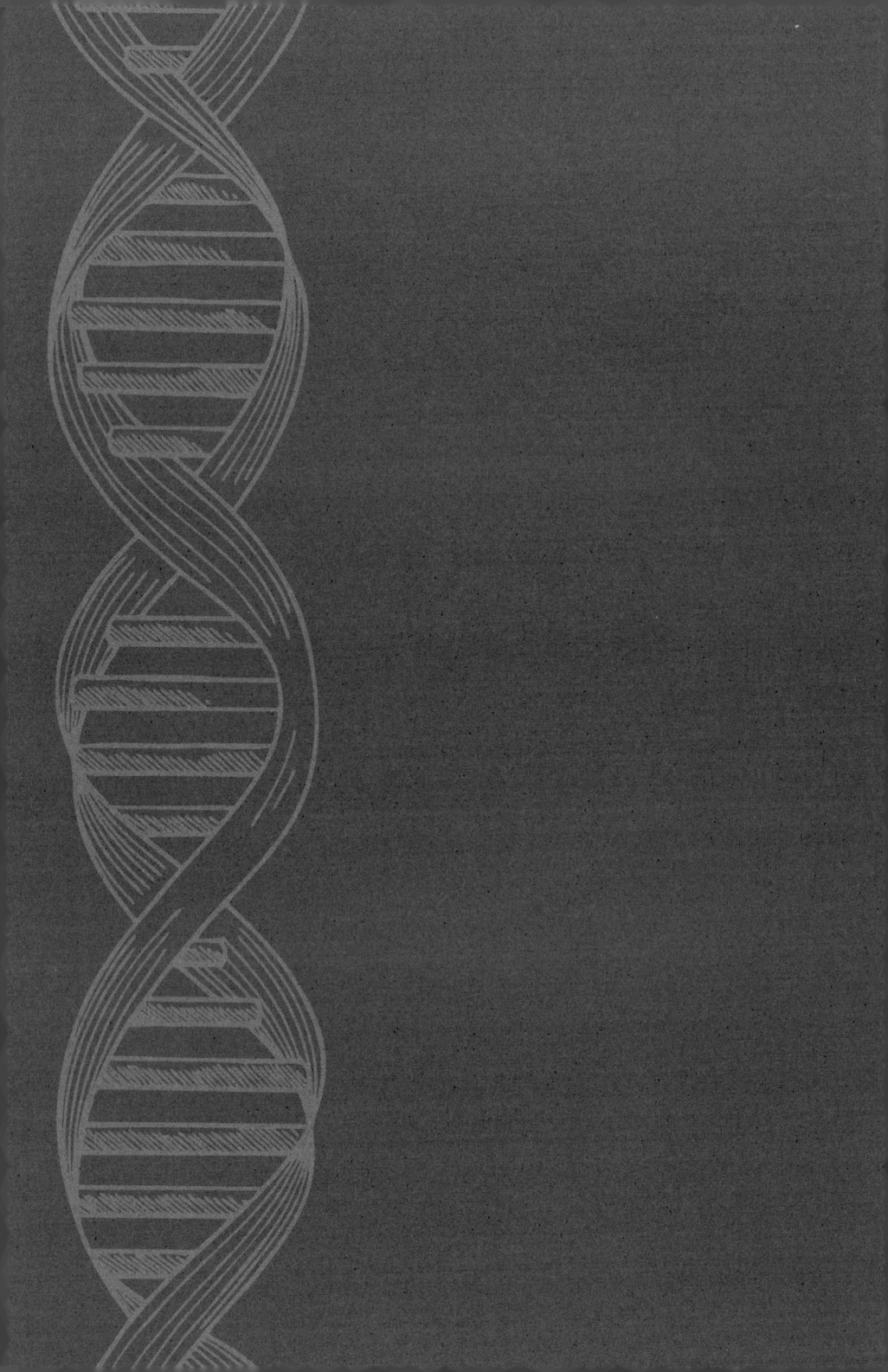

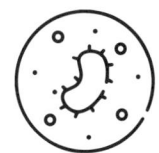

　생명체는 외부에서 에너지를 받아 살아갑니다. 수소, 황화수소, 철 2가 이온 등의 화학에너지를 외부에서 얻어 생활하는 미생물도 있고 빛에너지를 광합성을 통해 필요한 에너지로 전환해 살아가는 미생물도 있죠. 고등생명체도 에너지를 얻는 방법은 별로 다르지 않습니다. 동물은 외부의 유기물질(화학에너지)을 섭취해 살아가고 식물은 햇빛을 통한 광합성으로 살아가죠. 이들은 외부에서 얻은 에너지로 생체 내 에너지 화폐인 ATP를 만들고 이를 이용해 원하는 물질을 만들거나 움직이는 힘을 얻어 생명 활동을 합니다. 화학합성을 하는 미생물, 광합성을 하는 미생물, 동식물이 모두 이 ATP를 만들고, 이 ATP로부터 에너지를 얻어 생명 활동을 합니다.

　생명 활동의 기본은 성장과 번식이라고 할 수 있습니다. 생명체 자체가 성장하거나 자신을 닮은 후세를 남기는 것이죠. 즉 몸집을 키우고 자신을 닮은 후세를 만드는 것이 생명체의 일생이라고 할 수 있습니다. 그렇다면 우리 몸은 어떤 물질로 어떻게 이루어져 있을까요?

사람마다 다르겠지만 인체는 대체로 물 62퍼센트, 단백질 16퍼센트, 지방 16퍼센트, 미네랄 6퍼센트, 탄수화물과 기타 물질 1퍼센트 미만으로 구성되어 있습니다. 물을 제외하면 단백질과 지방이 가장 많죠. 그중 단백질은 우리 몸의 대부분을 만듭니다. 손톱, 발톱, 뼈, 근육, 심장, 눈의 수정체 등이 모두 단백질이죠. 피부 건강에 중요하다고 알려진 콜라겐도 단백질입니다. 인체의 단백질 중 가장 큰 비중을 차지하는 콜라겐은 몸의 결합조직을 이루는 구조 단백질일 뿐만 아니라 생체 기능의 대부분을 수행합니다. 또한 유전자가 작동하거나 작동하지 않도록 하는 것도 단백질이죠.

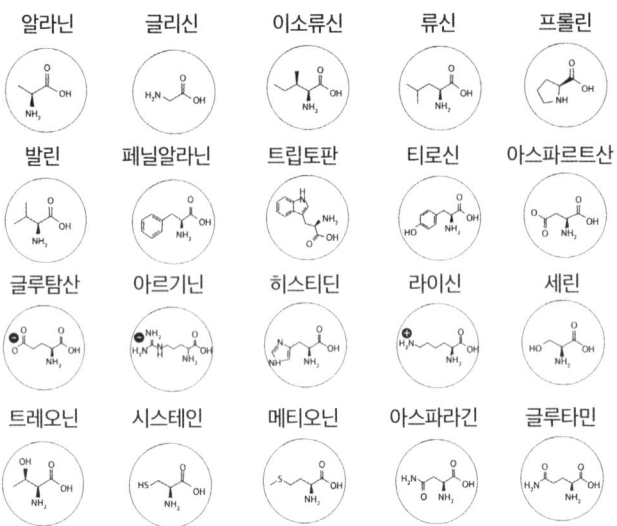

단백질을 구성하는 아미노산 20개

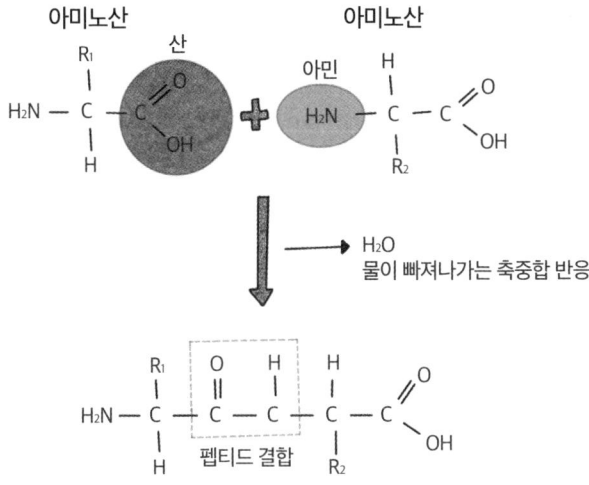

단백질을 만드는 펩티드 결합

    단백질의 기본 구조는 아미노산입니다. 약 50개 이상의 아미노산 분자를 포함하는 폴리펩티드를 단백질이라고 합니다. 폴리펩티드는 펩티드 결합된 물질 여러 개가 붙어 있다는 뜻입니다. 고분자를 뜻하는 '폴리머'에서 '폴리'와 같은 의미입니다. 아미노산은 한 분자에 아민과 산이 동시에 존재한다는 뜻입니다. 여기서 산은 카르복실산을 의미합니다. 유기물에 COOH가 붙어 있는 것이 카르복실산입니다. 화학적으로는 R-COOH라고 표기할 수 있습니다. 아민은 유기물에 NH_2가 붙어 있는 물질을 말합니다. 화학적으로는 R-NH_2라고 표기할 수 있습니다. 단백질을 구성하는 아미노산은 20개가 존재합니다. 각각의 분자에 아민인 NH_2기와 카르복실산인 COOH기가 모두 존재하죠.

아미노산과 아미노산이 결합하면 COOH와 NH_2가 반응해 물이 빠져나오면서 결합할 수 있습니다. 결합하면 COOH에서는 OH가 빠져나가고 NH_2에서는 H가 빠져나가 CONH 형태가 됩니다. 즉 아미노산은 R_1- CONH- R_2 형태가 되고, 산과 아민이 결합해 만들어진 -CONH- 결합을 펩티드 결합이라고 부르며, 이렇게 펩티드 결합한 물질 여러 개가 붙어 있는 것이 폴리펩티드인 단백질입니다. 그러므로 단백질은 하나의 물질을 말하는 것이 아니라 다양한 아미노산이 결합해 폴리펩티드 결합한 고분자 물질을 통칭하는 것이죠.

단백질은 단백질 구성 요소와 이들이 만들어내는 수소 결합에 따라 매우 다양한 형태를 만들 수 있습니다. 구형, 원통형, 방패형 등 다양한 형태를 만들 수 있는 물질이 단백질입니다. 2024년 노벨화학상은 알파폴드 연구를 진행한 AI기업 딥 마인드의 CEO 데미스 하사비스Demis Hassabis와 딥 마인드의 수석연구원 존 점퍼John Jumper, 실제로 단백질을 연구하는 미국 워싱턴대 데이비드 베이커David Baker가 수상했습니다. 노벨화학상이지만 화학이 아닌 인공지능을 전공한 과학자 두 명이 포함되어 있죠. 이들이 연구한 알파폴드는 단백질의 3차원 구조를 예측하는 딥러닝 기반 AI 모델입니다. 단백질은 구성요소와 수소 결합에 따라 무궁무진하게 다양한 형태의 3차원 구조를 가질 수 있고 이는 생명체의 뼈대 및 생명 형상과 직결되므로 생명체를 이해하는 데 매우 중요하죠. 그리고 단백질의 3차원 구조를 파악하게 되면 인간의 질병을 파악하고 의약품을 개발하는 데 매우 중요한 실마리를 얻을 수 있습니다.

수소 결합은 수소가 결합한다는 뜻으로 수소는 전자 한 개를 가진 물질입니다. 참고로 원자들은 원자번호만큼의 전자를 가지고 있습니다. 수소는 원자번호가 1이고 전자가 한 개 있죠. 수소가 결합에 참여하면 하나 있는 전자를 다른 원자와 공유해야 해서 전자가 부족한 상태(δ+)가 됩니다. 그런데 어떤 원자들은 결합하고 나서 전자가 남습니다. 산소는 원자번호가 8번으로 전자가 여덟 개 있습니다. 그중 두 개는 안쪽에 숨어 있어 실제로 결합에 참여할 수 있는 전자는 여섯 개입니다. 산소가 다른 원자들과 전자를 하나씩 공유해 두 개의 결합을 이루면 네 개의 전자가 남습니다. 이렇게 남은 전자들을 비공유 전자쌍이라고 하는데 비공유 전자쌍을 가지고 있으면 전자가 풍부한 상태(δ-)가 됩니다.

이렇게 전자가 부족한 수소와 전자가 풍부한 산소가 만나면 수소 결합이 가능합니다. 간단한 분자인 물 분자를 예로 들면 물 분자는 산소 원자 하나와 수소 원자 두 개가 공유결합해 분자를 이룹니다. 그러면 수소 쪽은 전자가 부족하고 산소 쪽은 전자가 풍부해 전자기력에 의해 결합할 수 있습니다. 이렇게 결합하는 것이 수소 결합입니다. 수소 결합은 화학적 결합인 공유결합이나 이온결합보다 약해 분자를 형성하는 결합에는 속하지 못하지만 어느 정도 힘이 형성되어 붙어 있습니다. 마치 자석과 같은 것이죠. 서로 끄는 힘이 있어 가까이 있으면 붙지만 외부에서 다른 힘이 작용하면 쉽게 떨어지기도 하는 그런 결합입니다.

단백질의 경우에도 분자 내에 C=O기와 N-H기가 있어 수소와 산소 간 수소 결합이 생길 수 있습니다. 단백질은 앞에서도 설명했듯이 물 분자와 달리 원자들이 많이 모여 형성되는 고분자입니다. 긴 구조체 내에 수많은 C=O기와 수많은 N-H기가 있을 수 있고 긴 구조체가 어떻게 꼬이거나 접히느냐에 따라 다양한 수소 결합이 생길 수 있습니다.

단백질 중 가장 흔히 나타나는 구조인 알파^α 나선 구조로 설명하겠습니다. 단백질의 기본 구성물질인 아미노산이 여러 분자가 결합되어 형성된 긴 사슬 형태의 단백질이 오른쪽으로 돌아 올라가는 나선 구조를 이룰 때 알파 나선 구조라고 합니다. 이렇게 나선 구조를 형성하면 긴 사슬에 붙어 있는 폴리펩티드 결합 내에서 C=O와 N-H 간 수소 결합을 이룰 수 있습니다. 수소 결합은 어떤 형태를 유지할 수 있을 정도의 힘이지만 외부에서 더 큰 힘이 작용하면 떨어질 수 있습니다. 1930년대 초 윌리엄 애스베리 William Astbury가 양모나 머리카락을 세게 잡아당기면 구조가 변한다는 것을 확인하면서 실제로 알파 나선 구조를 최초로 발견했습니다. 이후 그는 잡아당기지 않은 형태의 단백질은 나선 구조일 것이고 잡아 당겨진 것은 스트레칭으로 인해 나선이 풀린 기다란 형태일 것으로 추측했습니다. 이것은 수소 결합이 마치 자석처럼 붙었다가 떨어질 수 있는 약한 결합이어서 가능한 것입니다.

알파 나선 구조 다음으로 흔한 구조는 베타^β 병풍구조입니다. 베타 병풍구조는 단백질 고분자와 단백질 고분자 간 수소 결합에 의해 평평한 형태의 구조를 형성하는 것을 의미합니다. 베타 병풍구조에서는 기다란 사슬 형태의 단백질이 다른 단백질과 수소 결합해 병풍처럼 꺾인 형태의 면을 형성합니다.

이 외에도 폴리펩티드의 수소 결합에 의해 매우 다양한 구조체를 형성할 수 있습니다. 선형구조, 면 구조를 비롯해 돌돌 말려 구 형태를 이룰 수도 있습니다. 아미노산의 종류나 결합 순서 등에 의해 매우 다양한 형태의 구조체가 가능합니다. 단백질 정보은행(미국 뉴욕 브룩헤이븐 국립연구소 Brookhaven National Lab가 1971년 설립한 기관으로 다양한 단백질의 구조와 역할을 데이터베이스화하고 있음)은 매우 다양한 단백질 구조를 보관하고 있죠. 단백질은 이렇게 다양한 구조체를 형성할 수 있어 인체를 구성하는 뼈대 역할을 할 수 있는 것입니다.

단백질의 구조를 최초로 분석한 미국 과학자 라이너스 폴링 Linus Pauling은 엑스선 회절법을 이용해 알파나선 단백질의 구조를 밝혀냈습니다. 엑스선 회절법은 원자 크기 수준의 파장을 가진 엑스선을 원자들이 결합된 결정이나 분말에 쏘여준 후 회절되는 패턴을 이용해 구조를 알아내는 방법입니다. 엑스선을 조사한다고 해서 원자의 종류를 직접 알아낼 수 있는 것은 아니지만 원자와 원자 간 거리를 알 수 있어 어떤 원자가 결합에 참여했는지 추측하고 패턴을 활용해 어떤 결정 구조를 가졌는지 추측할 수 있는 방법입니다. 유명한 DNA 이중나선 구조도 엑스선 회절법으로 알아냈죠.

단백질의 구조를 밝혀낸 것 외에도 라이너스 폴링은 화학 분야에서 엄청난 업적을 남겼습니다. 오늘날 유기화학 분야에서 너무나 당연시되는 혼성궤도함수 개념을 정립했고 원자들이 전자를 얼마나 잡아당기는지 가늠하는 척도인 전기음성도 개념도 정립했습니다. 또한 이중결합과 단일결합이 교차하는 구조인 벤젠과 같은 유기물질의 공명 구조 개념도 정립했습니다. 이러한 업적으로 라이너스 폴링은 1954년 노벨화학상을 수상했습니다. 그런데 라이너스 폴링은 한 번 받기도 힘든 노벨상을 또 받았습니다. 그것도 과학 분야가 아닌 노벨평화상이었죠. 라이너스 폴링이 노벨평화상을 받은 것은 당시 제2차 세계대전 상황과 관련 있습니다. 그리고 원자폭탄을 설계·제작하는 데 주도적 역할을 한 오펜하이머와도 관련 있죠. 부유한 집안에서 자란 오펜하이머와 달리 일찍 아버지를 여읜 라이너스 폴링은 대학에 입학하기 위해 어린 나이에 식료품점에서 일하고 공장에서는 견습공으로 일했고 이후 오리건 주립대학교에서 화학공학으로 학사학위를 받고 1922년 캘리포니아 공과대학교 대학원에 입학했습니다. 입학 후 3년 만인 1925년 엑스선 회절법을 이용한 결정구조분석으로 물리화학 박사학위를 받았죠. 2년간의 유럽 유학 후 라이너스 폴링은 모교인 캘리포니아 공과대학교의 교수가 되었습니다.

라이너스 폴링보다 3살 어린 오펜하이머는 제2차 세계대전 당시 원자폭탄을 개발하는 맨해튼 프로젝트를 총괄하며 원자폭탄 개발과 제2차 세계대전 종식에 큰 기여를 했습니다. 부유한 사업가의 아들로 태어난 오펜하이머는 하버드대학교를 졸업하고 영국 케임브리지대학교로 유학을 떠났다가 학교를 옮겨 독일 괴팅겐대학교에서 박사학위를 받았습니다. 그리고 1927년 미국 국립연구위원회 펠로우십을 받고 캘리포니아 공과대학교에서 일하면서 라이너스 폴링을 만나게 되었습니다. 나이 차이도 얼마 안 나고 과학적 재능도 뛰어난 둘은 매우 가까운 사이가 되었죠. 하지만 둘의 우정은 오펜하이머가 라이너스 폴링의 아내를 유혹하는 바람에 금이 가기도 했습니다.

여러 경력을 쌓은 후 오펜하이머는 1942년 맨해튼 프로젝트에 영입

되었고 1943년 총괄 감독으로 승진했는데 당시 맨해튼 프로젝트에 라이너스 폴링 영입을 시도했습니다. 하지만 라이너스 폴링은 자신이 평화주의자라고 말하고 거절했죠. 라이너스 폴링이 평화주의자가 된 계기는 평화주의자인 아내 아바 폴링 Ava Pauling 의 영향이 컸던 것으로 알려져 있습니다.

미국의 원자폭탄 투하를 계기로 일본이 전쟁에서 패망하고 제2차 세계대전이 종식되자 라이너스 폴링은 반핵운동에 앞장섰습니다. 이로 인해 미국의 국익에 도움이 안 되는 반국가 인물로 분류되었고 소련 공산주의 지지자로 오해받아 미연방수사국 FBI 등의 감시를 받으며 수사도 여러 번 받아야 했습니다. 여권을 발급받지 못해 해외에서 개최되는 학회에도 참석하지 못했죠. 심지어 1954년 폴링이 노벨화학상 수상자로 결정되었을 때도 미국 국무부는 폴링의 시상식 참석을 허락할 것인지 논란을 벌인 끝에 여권을 발급했을 정도입니다.

DNA 이중나선 구조를 밝혀내 1962년 노벨의학상을 수상한 왓슨은 《이중나선 The Double Helix》이라는 책을 통해 DNA 구조를 밝히는 과정의 경쟁자로 이미 단백질의 알파나선 구조를 밝혀낸 라이너스 폴링을 생각했다고 말했습니다. 폴링이 DNA 구조를 밝히는 과정이 왓슨과 크릭에게 뒤처진 이유는 미국 정부로부터 여권 발급을 거부당해 유럽에서 개최되는 각종 학회에 참석할 수 없어 DNA를 찍은 엑스선 회절 사진을 접할 수 없었기 때문이라고 생각했죠.

이후에도 폴링은 지속적으로 반핵운동을 벌였습니다. 대중적으로 핵의 위험을 알리고 과학자들의 서명을 받은 청원서를 유엔에 제출했습니다. 이러한 공로를 인정받아 노벨평화상을 받은 것이죠. 이전까지 노벨상을 두 번 받은 사람은 마리 퀴리뿐이었습니다. 마리 퀴리는 1903년 방사성 물질인 라듐 연구로 노벨물리학상을 받았고 이후 1911년에는 라듐 및 폴로늄의 발견과 라듐 화합물 연구로 노벨화학상을 수상했습니다. 라이너스 폴링은 마리 퀴리에 이어 두 번째로 노벨상을 두 번 받은 사람이 된 것이죠.

지금까지도 그 효과 여부가 불분명한 비타민 C의 과량섭취도 라이너스 폴링이 처음 시작한 것입니다. 폴링은 1970년 초부터 비타민을 연구했으며 비타민 C가 감기와 암에 특별한 효과가 있다고 주장하며 매일 엄청난 양의 비타민 C를 복용한다고 말한 것으로 알려져 있습니다. 지금도 오리건 주립대학교에는 폴링의 이름을 딴 연구소가 있으며 여전히 비타민 연구를 수행하고 있습니다.

폴링이 비타민에 빠진 것은 40살 때 신장 질환의 일종인 브라이트 병을 진단받은 후부터였습니다. 이때부터 폴링은 저단백질, 무염 식단과 비타민 보충제로 질병을 치료했는데 노년까지 왕성히 활동하다가 93세이던 1994년에 생을 마감했으니 무염 식단과 비타민 보충이 효과가 있는지도 모르겠네요.

헤르페스 바이러스와 라이신 아미노산

헤르페스 바이러스로 알려져 있는 단순 포진 바이러스는 전체 인구의 60~70퍼센트가 감염되어 있을 정도로 매우 흔한 바이러스이며 일반적으로 어린 시절에 감염됩니다. 헤르페스에 감염되면 입술이 부르트는 구순포진이나 입안이나 콧속에 물집이 잡히는 병변을 일으키는 경우가 많습니다. 주로 감염된 타액과의 접촉을 통해 전염됩니다. 헤르페스 바이러스는 신경 시스템에 잠복해 있으며 평상시에는 발현하지 않아 증상이 없지만 햇빛, 발열, 스트레스, 급성 질환 또는 특정 약물에 과다 노출되면 유발될 수 있는 것으로 알려져 있습니다. 감염된 사람이 많이 피곤하다고 느끼면 입술이 부르트거나 입안에 물집이 잡히는 형태로 나타나는 것이죠. 하지만 성인이 되면 감염된 사람의 90퍼센트 이상이 헤르페스 바이러스와 싸울 수 있는 항체를 갖게 됩니다.

불행하게도 저는 헤르페스 바이러스와 싸울 수 있는 항체를 가진 90퍼센트가 아니라 항체를 가지지 않은 10퍼센트에 속합니다. 그래서 며칠 동안 잠을 못 자거나 육체적으로 매우 피곤한 상태가 지속되면 여지없이 입술이 부르틉니다. 처음 입술이 부르튼 것은 고등학교 시절 바닷가에 놀러갔을 때였는데 성인이 되어도 마찬가지였죠.

한 번은 미국의 수도 워싱턴 DC에 출장을 간 적이 있었습니다. 워싱턴 DC는 한국과 시차가 11시간 나는 곳으로 낮과 밤이 정반대입니다. 시차가 많이 나니 잠을 잘 못자고 그로 인해 여지없이 입술이 부르텄습니다. 그런데 출장에서 업무상 만난 사람이 입술이 부르틀 때 아미노산의 일종인 라이신을 먹으면 빨리 가라앉는다고 알려주었습니다. 그리고 라이신을 평상시에 복용하면 입술이 부르트는 것을 막을 수 있다고도 말했죠. 그 후 라이신을 구입해 복용하자 신기하게도 부르튼 입술이 금방 가라앉았습니다.

관련 논문을 찾아보니 라이신이 헤르페스 바이러스의 단백질 내 단분자 아미노산을 변화시켜 바이러스가 신경계로 들어가지 못하게 막는다는 보고가 있습니다. 바이러스는 살아있는 세포에 침투하기 전까지는 생명 활동을 하지 않지만 세포에 침투하면 바이러스를 복제하는 물질이죠. 보통 DNA나 RNA를 단백질이 둘러싼 형태로 존재하는데 복제를 위해 DNA를 사용하면 DNA바이러스, RNA를 사용하면 RNA바이러스라고 합니다. 헤르페스 바이러스는 DNA바이러스에 속하고 코로나 바이러스는 RNA바이러스에 속합니다.

보통 바이러스는 특정 세포만 감염시킵니다. 감기바이러스나 코로나 바이러스의 경우에는 상기도 세포만 감염시키기 때문에 호흡기에 문제를 일으키고 헤르페스와 같은 포진 바이러스는 신경계 세포를 감염시킵니다.

헤르페스 바이러스는 피부세포를 통해 몸 안으로 들어오는데 바이러스가 세포 내로 들어오면 원래 세포가 수행하던 단백질 생산을 못하게 만들고 바이러스가 대신해 바이러스가 원하는 단백질을 생산합니다. 이러한 과정을 통해 바이러스는 자신의 복제본 여러 개를 만들고 인근 신경계인 뉴런에 침투해 발병을 일으킵니다. 발병이 되면 포진 형태가 되어 부르트게 되는 것이죠.

논문의 내용은 라이신을 복용하면 라이신이 바이러스 단백질에 아미노산 변화를 일으켜 바이러스가 단백질 생산을 못하게 방해해 바이러스 복제본을 만들지 못하게 되고 결국 뉴런 침투를 방지한다는 것입니다. DNA나 RNA는 단백질을 생산하기 위한 정보를 가지고 있는 생명체 고유의 물질입니다. 생명체가 생명현상을 유지하기 위해서는 원하는 단백질을 정확히 생산해야 합니다. 생명체의 DNA와 헤르페스의 DNA는 근본적으로 다른 구조를 가지고 있고 이를 통해 생산되는 단백질도 다른 형태죠. 생명체는 DNA를 통해 원하는 단백질을 만드는데 바이러스가 슬쩍 들어와 바이러스 단백질을 만들고 이를 통해 바이러스를 복제해 생명체에 문제를 일으킵니다. 이때 특정 아미노산인 라이신을 먹어 바이러스 단백질의 기본 단위인 아미노산을 변화시키면 단백질이 변화되어 바이러스가 작동하지 못한다는 것입니다. 헤르페스에 감염되어 입술이 부르트는 사람들에게는 유용한 정보가 되겠습니다.

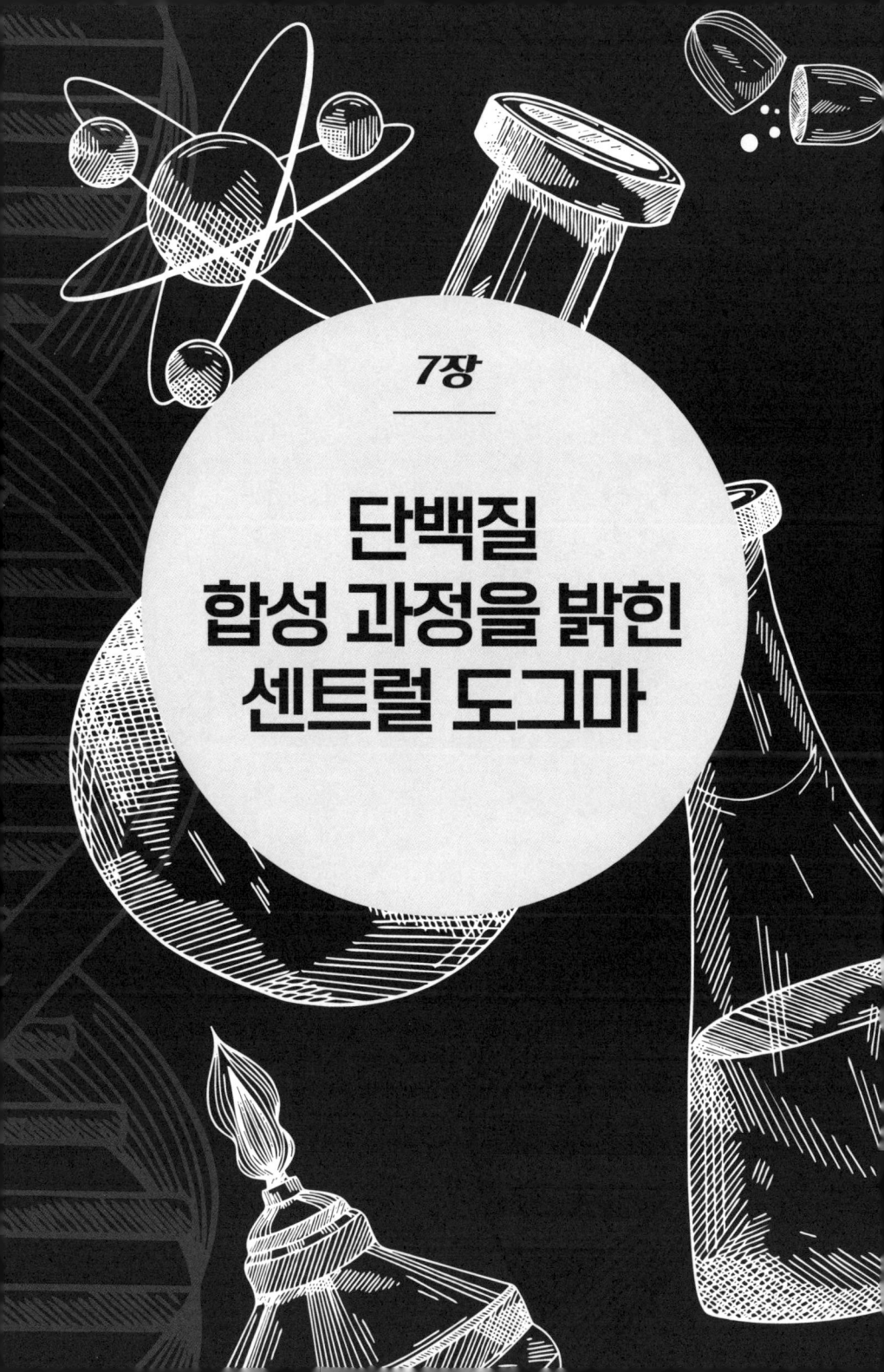

7장

단백질 합성 과정을 밝힌 센트럴 도그마

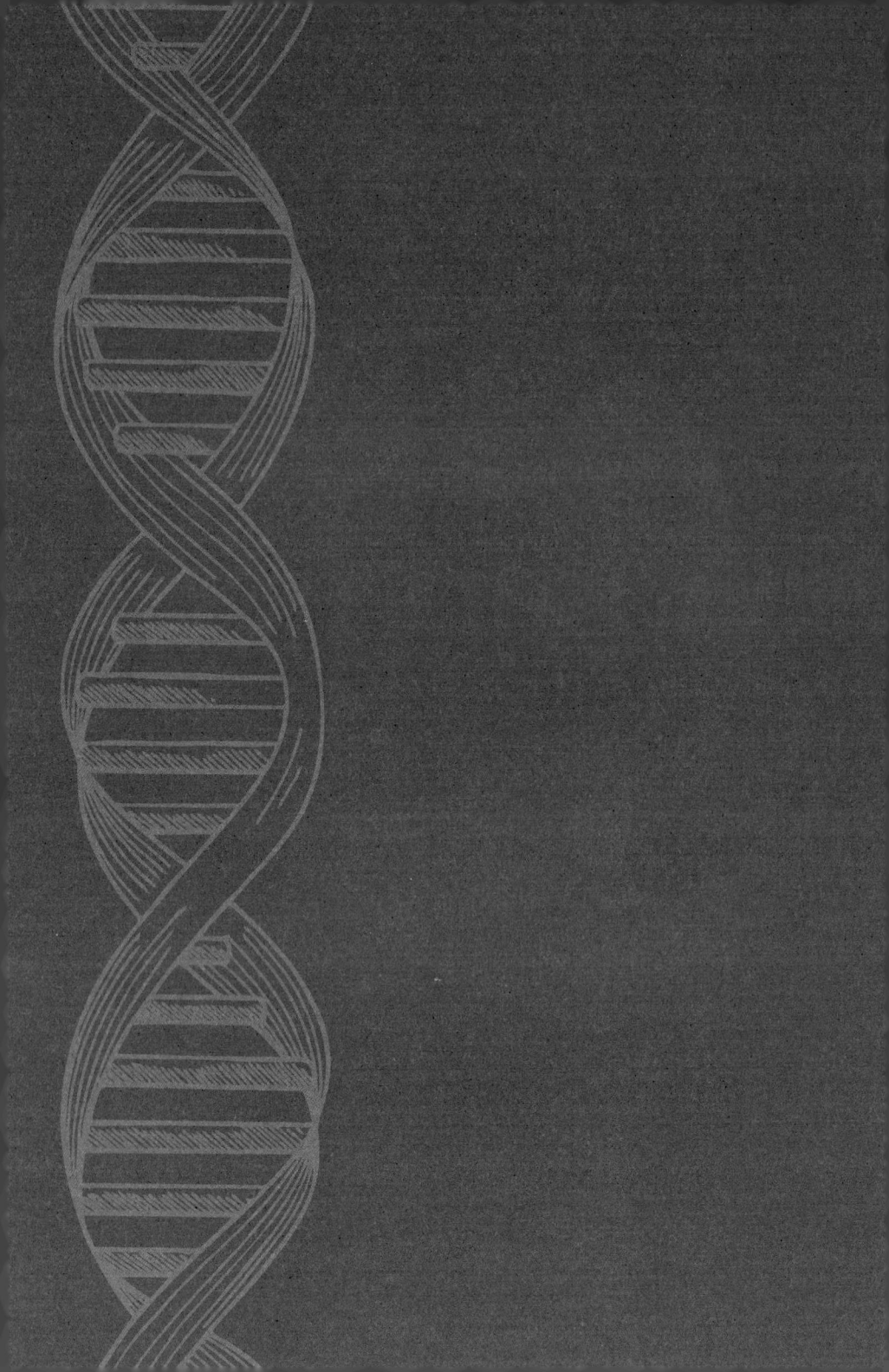

　단백질은 우리 몸의 대부분을 구성하는 물질입니다. 즉 단백질이 어떻게 형성되느냐에 따라 우리 몸의 모습이 결정되는 것이죠. 단백질이 제대로 형성되지 않으면 우리 몸이 제대로 형성되지 않아 여러 가지 문제가 발생합니다. 수많은 질병이 단백질 형성과 관련 있고 형성된 단백질이 변형되어도 문제가 됩니다. 탄수화물을 너무 많이 먹어 몸속 혈당이 과다해지면 쓰고 남은 당은 간에서 지방으로 저장됩니다. 하지만 그래도 혈당이 떨어지지 않으면 당과 단백질이 결합하는 당화 반응이 일어납니다. 피부를 형성하는 콜라겐 단백질과 당이 결합하는 당화 반응이 일어나면 단백질이 변성되어 피부 탄성이 줄어들고 주름이 생겨 노화가 촉진됩니다. 이러한 현상을 가속 노화라고 부릅니다. 이를 막으려면 너무 많은 탄수화물을 섭취하는 것을 조심해서 단백질이 변형되지 않고 그대로 유지되도록 해야 합니다.

　우리 몸속에는 이렇게 중요한 단백질이 잘 형성되도록 하는 설계도가 있습니다. 바로 DNA입니다. 설계도인 DNA는 후손에게 유전되므로 유전물질이기도 하죠. 사실 1950년대 초까지만 해도 유전물질이 무엇인지 몰랐습니다. 염색체가 유전에 관여한다는 사실은 알았지만 염색체 내 단백질이 유전물질인지 DNA가 유전물질인지 몰랐던 것이죠.

여러 과학자가 DNA가 유전물질임을 밝혔지만 결정적 증거를 제시한 인물은 알프레드 허쉬 Alfred Hershey와 마르타 체이스 Martha Chase 입니다. 허쉬-체이스 실험으로 유명한 이 실험은 박테리오파지라는 바이러스가 실험대상입니다. 바이러스는 생명체는 아니지만 생명체에 들어가면 증식이 가능한 미생물의 일종입니다. 감기(독감)나 코로나 등의 질병을 일으키는 바이러스는 독감과 코로나 시기를 거치며 우리에게 매우 잘 알려진 존재죠. 박테리오파지는 박테리아(세균)를 먹는다는 뜻으로 말 그대로 세균을 죽이고 세균에 들어가 사는 바이러스입니다. 최근 이러한 박테리오파지의 특성을 이용한 치료법도 개발 중입니다. 폐렴이나 패혈증을 일으킬 수 있는 녹농균 같은 세균은 여러 가지 항생제에 내성이 생겨 치료하기 힘든데 박테리오파지 혼합제를 사용하면 박테리오파지가 녹농균을 죽이고 그 안에 들어가 살게 된다고 합니다. 이러한 바이러스들은 특정 박테리아에 특화되어 있어 인체에서 질병을 일으키지 않아 치료제로 사용할 수 있는 것이죠. 미생물의 세계는 정말 오묘합니다.

대부분의 바이러스가 그렇듯 박테리오파지도 DNA(또는 RNA)를 단백질이 캡슐처럼 둘러싸고 있는 구조입니다. 단순하게 생긴 것도 있고 정교한 구조를 가진 것도 있습니다. 박테리오파지는 DNA를 박테리아의 세포질에 주입하면 박테리아 내에서 복제될 수 있습니다. 그리고 이러한 박테리오파지의 특성이 DNA가 유전물질이라는 결정적 증거죠.

허쉬와 체이스는 바이러스의 단백질 껍질과 내부의 DNA를 관찰하기 쉽도록 서로 다른 동위원소를 사용해 고유한 라벨을 지정하기로 했습니다. 인은 DNA에는 포함되어 있지만 아미노산에는 포함되어 있지 않으므로 방사성 인을 사용해 박테리오파지에 포함된 DNA를 표지^{標識}했습니다. 반면 황은 단백질에는 포함되어 있지만 DNA에는 포함되지 않으므로 박테리오파지의 단백질 부분을 표지하기 위해 방사성 황을 사용했습니다.

인이나 황으로 표지된 박테리오파지를 박테리아에 감염시켜 박테리아에 어떤 물질이 내부로 들어가는지 확인했습니다. 박테리아에 들어가지 않고 밖에 남아 있다면 이는 유전물질이 아니지만 박테리아에 들어가 증식된다면 유전물질이겠죠. 실험 결과 단백질이 황으로 표지된 박테리오파지로 박테리아를 감염시킨 경우 황은 박테리아 내부에 없었고 박테리아 외부에 남아 있었습니다. 그런데 DNA가 인으로 표지된 박테리오파지로 박테리아를 감염시킨 경우에는 인으로 표지된 DNA가 박테리아 내부로 들어간 것이 확인되었습니다. 따라서 허쉬와 체이스 실험은 단백질이 아닌 DNA가 유전물질임을 확인한 것이죠.

우리 몸의 설계도이자 유전물질인 DNA의 구성 성분을 밝혀낸 과학자는 알렉산더 토드^{Alexander Todd}입니다. DNA의 원래 명칭은 Deoxyribonucleic Acid입니다. 디옥시리보^{deoxyribo}는 디옥시리보오스^{deoxyribose}에서 왔고 오각형 당인 리보오스에서 산소 하나가 빠졌다는 뜻입니다. 토드는 핵산의 구성물질을 구체적으로 조사하기 위해 화학적 방법으로 핵산을 분리하고 분리된 부분을 이미 알려진 물질과 비교해 DNA가 어떤 기본 결합구조를 가지는지 파악했습니다. 그리고 핵산을 구성하는 중요 물질인 아데노신 삼인산 ATP을 합성했습니다. 아데노신 삼인산은 이 책에서 여러 번 언급했듯이 모든 생명체가 에너지 화폐로도 사용하는 물질입니다. 아데노신 삼인산의 합성으로 인해 DNA가 인산기에 붙은 오각형 구조의 리보오스당의 한쪽 끝에 아데닌 Adenine, A 염기가 결합된 물질임이 확인되었습니다. DNA의 구성 성분은 인산, 당, 아데닌 염기 외에 티민 Thymine, T, 구아닌 Guanine, G, 사이토신 Cytosine, C이라는 네 개의 염기분자가 있습니다. 아데닌, 티민, 구아닌, 사이토신은 모두 결합하지 않은 전자를 가지고 있는 질소를 포함하고 있어 염기분자이며 일종의 아민분자입니다. 아민이라는 염기와 카르복실산이 함께 붙어 이루어진 아미노산으로 구성된 단백질과 마찬가지로 DNA도 염기와 산으로 구성되어 있습니다.

DNA의 구조와 작동원리는 제임스 왓슨과 프란시스 크릭이 밝혀냈습니다. 왓슨과 크릭이 DNA 구조를 밝히는 데 DNA 결정의 엑스선 회절 사진이 큰 기여를 했습니다. 엑스선은 보통 파장 길이가 0.01~10 나노미터인 전자기파를 의미합니다. 엑스선 회절에 쓰이는 엑스선은 전자빔을 금속에 때려 만드는데 보통 구리를 사용하고 이때 쓰이는 엑스선의 파장은 약 1옹스트롬 ångström, 10^{-10}m입니다. 옹스트롬은 나노미터의 10분의 1인 매우 미세한 크기의 단위로 주로 원자의 크기를 나타낼 때 씁니다. 원자의 크기와 비슷해 원자로 이루어진 결정에 엑스선

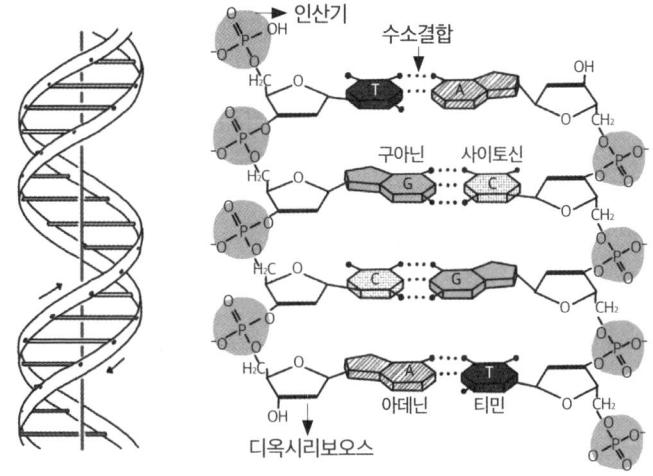

DNA의 이중나선구조와 염기들의 수소결합

을 쪼여주면 회절에 의해 패턴을 얻을 수 있는데 이러한 패턴을 분석하면 결정의 내부구조를 파악할 수 있습니다. 결정에 엑스선을 쪼여줘 얻은 패턴을 통해 결정구조를 파악하는 학문을 엑스선 결정학이라고 합니다.

엑스선 결정학에 지대한 공헌을 한 인물은 윌리엄 헨리 브라그William Henry Bragg와 그의 아들 로렌스 브라그Lawrence Bragg입니다. 특히 로렌스 브라그는 $2d\sin\theta = n\lambda$(n은 정수)로 정의되는 브라그 법칙을 만들어 엑스선의 파장(λ)과 결정에 조사되는 각도(θ)를 알면 결정 내에서 원자들이 형성한 격자면 사이의 간격(d)을 계산할 수 있게 했습니다. 이러한 엑스선 결정학에 미친 공로로 브라그 부자는 1915년 노벨물리학상을 수상했죠. 윌리엄 브라그의 제자 중에 로잘린드 프랭클린Rosalind Franklin이 있습니다. 그는 DNA 결정에 엑스선을 투과시켜 회절 사진을 얻었는데 그가 얻은 DNA의 엑스선 회절 사진은 DNA의 구조와 작동원리를 설명하는 매우 중요한 실마리가 되었죠. 왓슨은 이 사진을 보자마자 DNA가 이중나선 구조임을 확신했고 경사도와 간격까지 알아낼 수 있었습니다. 그리고 크릭과 함께 DNA 모델을 만들기 시작했습니다.

왓슨은 초기에는 인산 사슬이 안쪽에 있는 구조를 생각했지만 크릭의 조언으로 인산 사슬이 바깥쪽에 있는 구조로 변경했습니다. 그리고 'DNA 내 염기가 수소결합을 한다는 내용'을 바탕으로 DNA의 이중나선구조 모델을 완성했습니다. 수소결합은 단백질이 다양한 3차원 구조를 가지게 하는 원동력이었죠. 단백질과 마찬가지로 DNA에서도 수소결합이 매우 중요한 역할을 합니다. 생명체의 복제 원리는 사실 수소결합에 의한 것이죠. 왓슨이 완성한 DNA 이중나선구조는 인산기가 사슬처럼 연결된 긴 두 가닥이 서로 꼬인 이중나선의 가운데로 염기가 배열되어 있고 염기들은 서로 수소결합을 하는 형태입니다.

인산과 디옥시리보오스 당이 번갈아 가면서 결합한 사슬 구조의 고분자가 양쪽 바깥에서 이중나선을 형성하고 안쪽의 디옥시리보오스 당에 염기들이 결합되어 있는데 염기들은 서로 수소결합을 할 수 있는 형태로 마주 보고 결합하게 되어 있습니다. 즉 아데닌은 티민과 결합해야 하고 구아닌은 사이토신과 결합해야만 하죠.

이러한 2차원 구조는 샤가프의 법칙에도 잘 들어맞는 구조입니다. 샤가프의 법칙이란 모든 생명체에서 발견되는 DNA에 있는 구아닌의 양과 사이토신의 양이 같아야 하고 아데닌의 양과 티민의 양이 같아야 한다는 법칙입니다. 미국의 생화학자 어윈 샤가프는 DNA의 네 가지 염기 내에 어떤 패턴이 있는지 조사하기 위해 염기를 정량분석(화학적으로 양이 얼마나 있는지 분석하는 기법)해 아데닌과 티민, 구아닌과 사이토신의 비율이 1:1이라는 사실을 밝혀내 샤가프의 법칙을 만들었죠. 즉 DNA 내에 아데닌이 100개 있으면 티민도 100개 있다는 뜻입니다. 구아닌과 사이토신의 경우도 마찬가지로 구아닌이 150개 있으면 사이토신도 150개 있어야 한다는 뜻이죠. 왓슨의 모델은 아데닌과 티민이 수소결합을 하고 구아닌과 사이토신이 수소결합을 하는 3차원 구조입니다. 수소결합에 의해 들어맞아야 하므로 1:1로 존재해야 하죠.

원자들이 유기분자를 이루는 화학적 결합은 쉽게 깨지지 않습니다. 그래서 물질의 결합을 깨고 다른 분자를 만들려면 쉽게 반응하도록 촉매를 사용하거나 온도를 높이거나 다른 에너지를 줍니다. 하지만 수소결합은 자석의 N극과 S극이 잘 붙었다가 잘 떨어지는 것처럼 쉽게 떨어지는 결합입니다. 이것이 생명체 복제의 원리가 되는 것이죠. 이중나선구조의 DNA가 복제되려면 지퍼가 열리듯이 수소결합이 떨어지고 여기에 맞는 염기가 새로 형성됩니다.

DNA 복제 과정은 효소^{enzyme}가 완성하죠. 토포이소머라제^{topoisomerase}라는 효소가 DNA 이중구조를 지퍼처럼 열리게 만들고 DNA 폴리머라제$^{DNA-polymerase}$가 상보적 염기를 생성시켜 DNA 복제를 가능케 합니다. 이 과정을 통해 하나의 핵이 두 개의 핵이 됩니다. 그 결과 세포분열이 일어나 하나의 세포가 두 개의 세포가 되는 것이죠.

왓슨의 모델로 DNA의 3차원 구조와 복제 원리는 규명되었지만 생명체에 대해 여전히 풀리지 않는 의문점이 있었습니다. 앞에서도 언급했지만 우리 몸을 이루는 중요한 물질은 단백질이지만, DNA는 염기, 당, 인산으로 구성된 물질로 단백질이 아닙니다. 그래서 당시 관련 연구자들은 DNA로부터 단백질이 형성되는 경로가 있을 것으로 예측했습니다. 그리고 이러한 예측을 증명하려는 출발점에 구소련 출신 미국 물리학자 조지 가모프가 있었습니다.

가모프는 사실 생물학과는 거리가 먼 이론물리학자로 대부분의 사람들이 알고 있는 태초의 우주 형성 모델인 빅뱅 이론을 제시한 과학자입니다. 가모프가 제시한 빅뱅 이론은 약 137억 년 전 태초에 사과 크기의 물질 덩어리가 폭발하면서 어마어마하게 거대한 우주가 탄생되었다는 이론이죠. 그리고 빅뱅 폭발 당시 생겨난 우주배경복사가 남아 있을 것으로 예상했습니다. 이후 이 우주배경복사가 관측되면서 그의 빅뱅 이론이 학계에서 받아들여졌죠.

1953년 크릭과 왓슨이 DNA 거대분자가 이중나선구조임을 밝혀낸 후 가모프는 DNA 사슬에서 네 가지 염기(아데닌, 사이토신, 티민, 구아닌)의 순서가 구성 아미노산으로부터 단백질 합성을 제어하는 역할을 하지 않을까 생각했습니다. 가모프는 DNA 내 염기서열과 단백질 형성이 열쇠와 자물쇠처럼 그 모양이 딱 맞아떨어져 가능할 것으로 생각했습니다. 즉 DNA 사슬의 염기분자가 형성하는 홈에 물질이 들어가 이에 상응하는 펩타이드 사슬과 결합된다고 생각한 것이죠. 훗날 이 가설은 타당한 것으로 밝혀졌습니다.

가모프는 DNA 염기 배열이 단백질을 형성하는 아미노산과 어떻게 연관되는지 파악하려고 했습니다. 가모프는 네 가지 염기가 세 개 나열될 경우의 수는 네 가지 염기가 세 자리를 차지하는 경우의 수이므로 4의 3승(4^3=64)으로 계산합니다. 이렇게 계산된 경우의 수 64개에서 염기 순서를 고려하지 않으면(예를 들어 ACT와 CAT, TCA 등을 같은 것으로 본다면) 64개 경우의 수는 20개로 압축될 수 있습니다. 그렇게 해서 정리된 20개 코드는 (AAA) (CCC) (GGG) (TTT) (ACG) (ACT) (AGT) (CGT) (AAC) (AAG) (AAT) (CCA) (CCG) (CCT) (GGA) (GGC) (GGT) (TTA) (TTC) (TTG)입니다. 그런데 우연히도 생명체를 구성하는 아미노산 개수가 20개입니다. 그래서 가모프는 세 개의 염기 배열이 하나의 아미노산을 형성하는 것으로 생각했고 위의 20개 코드가 아미노산과 연관되었을 것으로 생각했죠.

가모프의 이러한 가설은 얼마 지나지 않아 오류로 판명되었습니다. 예를 들어 인산 당 사슬에 GGAC의 순서로 염기가 배열되어 있다면 GGA도 아미노산을 형성할 수 있고 순서와 무관하므로 GAC도 ACG와 같은 것이 되며 또 다른 아미노산을 형성할 수 있게 됩니다. 중복의 오류가 발생한 것이죠. 가모프 가설의 또 다른 오류는 순서를 중시하지 않았다는 겁니다. 훗날 밝혀졌지만 유전자에서 염기의 순서는 중요한 것으로 판명되었습니다.

오류로 판명되었지만 가모프의 시도가 성과가 없는 것은 아니었습니다. 세 개의 염기 배열이 아미노산과 매칭될 수 있다는 가설은 타당했으니까요. 그리고 가모프는 왓슨의 제의로 1954년 DNA와 단백질

간 유전암호 문제 해결을 위해 RNA 타이클럽 RNA Tie Club 을 만들었습니다. 여기서 타이는 우리가 흔히 정장에 코디하는 넥타이의 타이입니다. RNA 타이클럽은 비공식 과학모임으로 회원들에게 RNA 나선 모양이 수놓인 모직 넥타이를 주어 RNA 타이클럽이라는 명칭이 붙은 것으로 알려져 있죠. 또한 회원들에게는 금으로 된 넥타이핀도 지급되었는데 각각의 넥타이핀에는 20개 아미노산에 해당하는 세 글자의 알파벳 약자가 적혀 있었다고 합니다. 아미노산 종류가 20개여서인지 회원수도 20명으로 제한했습니다. 그중 여섯 명이 노벨상을 수상했으니 정말 대단한 모임입니다.

당대 저명한 과학자들이 이 모임의 회원이었는데 천재 이론물리학자로 유명한 리차드 파인만 Richard Feynman 과 수소폭탄을 개발한 에드워드 텔러 Edward Teller 도 포함되어 있었죠. 생화학자로는 DNA 이중나선 구조를 밝혀낸 왓슨과 크릭을 비롯해 샤가프 법칙으로 유명한 어윈 샤가프 Erwin Chargaff 도 있었습니다. 이들은 공식적인 협회나 학회를 만들지 않고 서로 편하게 왕래하면서 토론하고 아이디어를 제안하고 그 생각들을 발전시켰습니다. 오늘날 말하는 집단지성의 표본과 같은 모임이었을 것으로 생각합니다.

RNA 타이클럽 회원이었던 크릭은 DNA로부터 단백질이 합성되는 것이 아니라 중간에 매개 물질이 있을 거라고 주장하고 이를 의미하는 어댑터 가설을 주장했습니다. 이는 DNA를 주형으로 단백질이 합성된다는 가모프의 가설을 보완한 것이죠. 사실 DNA는 핵 속에 있고 단백질과 아미노산은 핵 바깥 세포질에 있어 직접적인 접촉이 어려우므로

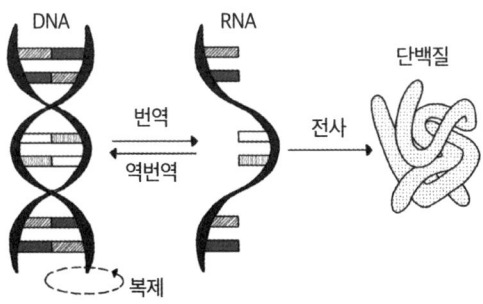

DNA로부터 단백질이 형성되기까지

크릭의 가설은 타당했죠. 크릭은 핵산 서열에 맞는 아미노산을 운반하는 20개 어댑터 분자가 있을 것으로 생각했습니다. 훗날 어댑터 분자의 존재를 로버트 홀리 Robert Holley가 사실로 밝혀냈고 어댑터 분자는 전달 transfer RNA라는 의미로 tRNA로 명명되었습니다.

또한 크릭은 DNA에서 RNA를 통해 단백질을 합성하는 일방향(한쪽으로만 진행되고 반대쪽으로는 진행되지 않는) 프로세스를 통해 생명현상이 발현된다는 '센트럴 도그마' 개념을 제시했습니다. 훗날 이 개념은 DNA가 복제를 하고 복제된 DNA의 일부를 틀로 삼아 RNA가 전사되며 RNA를 통해 번역과정을 거치면 단백질이 합성된다는 센트럴 도그마 이론으로 발전했는데, 이 이론은 생명체의 생명현상에서 근본적인 매우 중요한 개념입니다.

RNA에서 단백질이 합성되는 과정은 코돈 개념으로 완성됩니다. 배열 순서를 중시하지 않은 오류와 중복의 오류를 포함하는 가모프의 세 개의 염기서열에 의한 20개 아미노산 코드 가설을 보완해 RNA 타이 클럽 회원이던 시드니 브레너 Sydney Brenner는 중복되는 코드로 인한 단백질 합성은 불가능하다는 사실을 입증했습니다. 그리고 중복되지 않는 세 개의 염기분자가 20개 아미노산과 연관된다는 코돈 codon 개념을 제시했죠.

또한 브레너는 크릭이 가정했던 어댑터 분자 즉 tRNA와 더불어 DNA로부터 전사되어 나오는 RNA도 있을 거라고 예상했습니다. 이 예상은 프랑스와 자콥 François Jacob과 매튜 메셀손 Matthew Meselson에 의해 사실임이 증명되었습니다. 전사되어 나오는 RNA가 메신저 역할을 해 메신저 RNA messenger RNA, mRNA로 명명되었습니다. 사실상 센트럴 도그마 개념은 크릭과 브레너, 여러 과학자의 협력으로 완성된 것입니다. 집단지성이 위력을 발휘한 것이죠.

유전정보를 가진 DNA에서 메신저 RNA가 전사되고 여기에 전달 RNA가 적절한 아미노산을 전달함으로써 단백질을 합성해 생명체가 형성된다는 센트럴 도그마 개념이 완성되었지만 1958년까지 어떤 염기서열이 어떤 단백질을 합성하는지 여전히 알지 못했습니다. RNA는 DNA와 유사한 구조를 가진 물질입니다. DNA는 인산기에 붙은 오각형 구조의 디옥시리보오스당(산소 하나가 없는 리보오스 당)의 한쪽 끝에 염기들이 붙어 있는 이중나선구조의 물질입니다. 그리고 RNA는 인산기에 붙은 오각형 구조의 리보오스 당 한쪽 끝에 염기들이 붙어 있는 단일 나선 구조의 물질이죠.

DNA는 나선 구조 사슬의 뼈대가 인산과 산소 하나가 빠진 오탄당 Pentose(디옥시리보오스)으로 이루어져 있고 염기는 아데닌, 티민, 구아닌, 사이토신 네 가지로 이루어진 반면, RNA는 뼈대가 인산과 산소가 빠지지 않은 오탄당(리보오스)으로 이루어져 있고 염기의 경우 아데닌, 구아닌, 사이토신은 DNA와 같지만 티민 대신 우라실이 있는 구조입니다. 특히 DNA에는 없고 RNA에만 있는 우라실이 코돈에 의한 단백질 합성과정을 밝히는 데 매우 중요한 역할을 합니다.

　매우 복잡한 문제를 풀 때 문제를 단순화하면 좋은 결과로 이어집니다. 미국 국립보건원 NIH의 니런버그는 어떤 염기서열이 어떤 단백질을 합성하는지 확인하기 위해 다른 염기는 붙어 있지 않고 오직 우라실만 붙어 있는 RNA를 합성했습니다. 다시 말해 염기 순서로 표현하면 -UUUUUUUUUU-인 RNA를 합성한 것이죠. 그리고 세포는 없지만 아미노산 합성을 위한 물질들이 있는 대장균 추출물에 집어넣고 어떤 아미노산이 합성되는지 확인했습니다. 다행히 이러한 방법으로 아미노산이 합성되었고 니런버그가 확인한 아미노산은 페닐알라닌이었죠. 즉 UUU 코돈으로 합성되는 아미노산이 페닐알라닌이라는 사실을 증명한 것입니다. 이 실험이 유전자 코드의 코돈을 해석한 첫 번째 결과였습니다.

　니런버그는 이 실험 결과를 1961년 모스크바에서 열린 국제생화학회의에서 발표했습니다. 그리고 폴링의 제자이자 mRNA를 증명한 메셀손이 이 발표를 들었죠. 메셀손은 이 연구결과가 매우 중요하다는 것을 직감하고 크릭에게 니런버그의 결과를 말했고 크릭은 더 많은 사람이 이 발표결과를 들을 수 있도록 니런버그의 초청 강연을 기획했습니다. 이 초청 강연으로 니런버그는 학계에서 유명인사가 되었습니다. 그리고 니런버그의 발표는 수많은 사람이 코돈 해석 연구를 시작하는 계기가 되었고 코돈 해석 경쟁이 시작되었죠. 니런버그 연구팀은 유사한 연구를 진행해 아데노신만 있는 RNA의 경우(코돈 AAA인 경우) 라이신이 합성되고 사이토신만 있는 RNA의 경우(코돈 CCC인 경우) 프롤린을 생성한다는 것을 밝혀냈습니다.

코돈 경쟁에 뛰어든 사람 중 한 명인 코라나는 인도 북서부와 파키스탄 북동부에 걸쳐 있는 펀자브지역에서 태어난 인도인입니다. 펀자브는 머리에 터번을 둘러쓰는 시크교도가 많이 사는 지역으로 사람들의 체격이 크고 눈이 부리부리한 것이 특징이죠. 코라나는 영국에서 유학하고 스위스를 거쳐 캐나다 명문대인 브리티시 콜롬비아에 취업해 핵산연구를 시작했습니다. 그리고 미국 위스콘신대학교로 자리를 옮겨 본격적으로 코돈 연구를 시작했습니다.

코라나 연구그룹의 장점은 염기서열을 컨트롤할 수 있는 짧은 폴리디옥시핵산 polydeoxynucleotide 을 합성할 수 있다는 것이었습니다. 짧은 폴리디옥시핵산은 DNA를 구성하는 단위체인데 짧은 폴리디옥시핵산이 결합으로 길어지고 서로 다른 두 개가 분자가 붙어 염기가 수소결합을 하면서 이중나선구조를 형성하면 DNA가 되죠.

코라나는 원하는 염기서열을 갖는 짧은 폴리디옥시핵산을 합성한 후 생체 내에서 DNA 복제를 할 때 결합이 잘 이루어지도록 촉매 역할을 하는 DNA 폴리머라제 효소를 이용해 긴 사슬을 가진 폴리디옥시핵산을 합성하거나 RNA 폴리머라제 효소를 이용해 RNA와 같은 구조의 원하는 염기서열을 가진 폴리리보핵산을 합성했습니다. 그리고 이 폴리리보핵산을 이용해 폴리펩티드(단백질)를 합성하면 어떤 염기서열 즉 코돈이 어떤 아미노산과 연관되는지 알 수 있었습니다.

이러한 방법으로 코라나는 니런버그가 했던 단일염기를 가진 단순한 코돈보다 복잡한 코돈을 해석할 수 있었습니다. 두 개의 반복 단위(UCUCUCU → UCU CUC UCU)가 있는 리보핵산(RNA)은 두 개의 교대 아미노산을 생성했는데 결과적으로 UCU가 세린을 암호화하고 CUC가 류신을 암호화한다는 것을 보여주었습니다. 세 개의 반복 단위(UACUACUA → UAC UAC UAC, 또는 ACU ACU ACU 또는 CUA CUA CUA)를 가진 리보핵산은 세 개의 아미노산 문자열을 생성했는데 그것은 트로신, 쓰레오닌, 류신이었습니다. 이러한 방법으로 코라나는 코돈과 아미노산을 전부 매칭시켜 어떤 코돈으로부터 어떤 아미노산이 생성되는지 모두 파악했고 하나의 아미노산을 생성하는 코돈이 하나가 아니라 여러 개가 될 수 있다는 것도 밝혀냈죠. 하나의 코돈이 하나의 아미노산을 합성하는 역할을 할 것이라는 가모프의 예상이 빗나간 겁니다.

또한 코라나는 UAA, UAG, UGA 세 가지 코돈의 경우 특정 상황에서 어떤 것이 쓰이는지는 확인할 수 없었지만 이 세 가지 핵산 코드가 폴리펩티드 사슬 성장을 분명히 중단시킨다는 사실을 밝혀냈습니다.

코라나가 합성한 짧은 폴리디옥시핵산을 화학전공에서는 중분자(올리고머 oligomer)로 분류합니다. 고분자는 분자량이 큰 분자로 DNA나

RNA가 해당됩니다. 짧은 폴리디옥시핵산을 구성하는 디옥시핵산은 단분자 또는 저분자입니다. 코라나는 올리고핵산 oligonucleotide 을 최초로 화학적으로 합성한 과학자였습니다. 즉 코라나가 합성한 올리고핵산은 세계 최초의 합성 유전자라는 뜻입니다. 그런데 곰곰이 생각해 보면 유전자를 생명체가 아닌 실험실에서 인공적으로 합성할 수 있다면 지구상 처음 생명체가 생성될 때 실험실과 유사한 환경에서 유전자가 합성되었을 것으로 생각해 볼 수 있습니다. 당시도 물, 이산화탄소, 메탄, 인산, 암모니아 등 생명체가 탄생할 수 있는 원료 물질이 지구 표면에 있었을 테니까요.

이러한 생각을 연구로 옮긴 인물은 RNA 타이클럽 회원이자 수소폭탄을 개발한 에드워드 텔러의 제자 중 한 명인 스탠리 밀러 Stanley Miller 였죠. 밀러는 1951년 시카고대학교 박사과정에 입학해 다양한 교수들을 만나 논문 주제를 찾다가 이론물리학자 텔러를 만나 원소 합성 연구를 하기로 결정했습니다. 하지만 텔러와의 연구가 1년 동안 아무 성과가 없고 텔러가 수소폭탄 개발을 위해 시카고를 떠나면서 다른 연구주제가 필요했죠.

밀러는 대학원생 대상 세미나에서 수소의 동위원소인 중수소를 발견해 1934년 노벨화학상을 수상한 해럴드 유리 Harold Urey 의 '태양계의 기원과 환원 조건에서 유기합성이 어떻게 가능한가?'라는 강의에서 큰 영감을 얻고 유리를 설득해 초기 지구같은 가상적 환경을 만들고 전기 방전 실험을 시작했습니다.

'밀러와 유리의 실험'으로 유명한 이 실험은 살균된 유리관과 플스크로 이루어진 루프형 실험기구 안에 물을 채우고 메탄^{CH4}, 암모니아^{NH3}, 수소^{H2} 등을 흘려 넣고 밀봉한 후 물을 끓이면서 한 쌍의 전극을 이용해 자연의 번개를 재현하는 전기방전 실험입니다. 일주일 동안 위의 과정을 반복 실험한 후 플라스크 내 물질을 분석해보니 10~15퍼센트의 탄소가 유기 화합물로 합성되었고 그중 2퍼센트의 탄소는 살아있는 세포의 단백질을 구성하는 아미노산이라는 결과를 얻었습니다. 초기 지구의 대기가 수증기와 번개에 노출되면 생명의 구성 요소로 여겨지는 아미노산을 생성할 수 있음을 보여준 것입니다. 밀러는 2007년 사망할 때까지 이러한 연구를 지속적으로 수행했습니다. 초기 연구에서는 종이 크로마토그래피 등의 실험으로 아미노산을 확인했지만 장비가 발전하면서 그가 새로 발견하는 아미노산의 종류도 지속적으로 늘어났습니다. 밀러는 유기물질 분석을 위해 이온 교환 크로마토그래피, 가스 크로마토그래피, 질량 분석기 등의 장비를 이용했습니다.

이러한 실험결과는 알렉산더 오파린$^{Alexander\ Oparin}$의 '원시 수프' 이론에 대한 최초의 결정적인 실험적 증거가 되었습니다. 오파린은 1924년 자신의 저서 《생명의 기원$^{The\ Origin\ of\ Life}$》에서 원시 수프(프리바이오틱 수프$^{prebiotic\ soup}$라고도 부름) 가설을 제시했습니다. 오파린은 37억~40억 년 전 지구 표면에는 탄소를 포함하는 탄화철과 같은 물질로 구성된 뜨겁고 빨간 액체가 있었고 수증기가 있을 때 탄소는 수소와 반응해 탄화수소를 형성한 후 추가로 산소, 암모니아와 결합해 탄수화물, 단백질과 같은 수산기, 아미노 유도체를 생성하고 이 분자들이 바다 표면에 축적되어 젤과 같은 물질이 되고 크기가 커진 후 세포와 같은 유기체가 형성되었다는 가설을 제시했죠. 그리고 이 원시 수프에서 생명체(세포)가 생겨났다고 가정했습니다.

밀러의 실험 이후에도 많은 과학자가 유사한 실험을 진행해 RNA의 구성물질인 피리미딘 리보핵산과 퓨린 리보핵산 등의 물질들이 합성될 수 있음을 실험적으로 증명했지만 생명의 탄생 과정은 여전히 미지의 영역입니다. 최초의 인류 조상은 500만~700만 년 전 아프리카에서 나타났다는 것이 인류학자들의 공통된 견해입니다. 인류가 문명을 이룬 것은 그보다 훨씬 뒤죠. 문자를 사용한 기록이 남은 것은 현재까지 밝혀진 바로는 메소포타미아 지역의 수메르 문명으로 지금으로부터 약 5,100년 전으로 알려져 있습니다. 즉 약 5,000년 문명의 역사를 가진 인류가 40억 년 전 지구에서 생명체의 발생 과정을 파악한다는 것은 쉽지 않은 일이죠.

도파민을 만드는 재료가 되는 아미노산, 티로신

생명체를 구성하는 단백질을 합성할 수 있는 20개의 아미노산 중에 티로신이라는 물질이 있습니다. 페닐알라닌으로부터 몸에서 합성할 수 있기 때문에 비필수 아미노산인 티로신은 세포에서 신경을 조절하는 분자로 몸속에서 중요한 역할을 하는 물질입니다. 또한 티로신은 뇌에서 신경전달 물질인 도파민과 아드레날린을 합성하는 재료로 쓰입니다.

티로신 → 도파 → 도파민

도파민의 원료가 되는 아미노산 티로신

대중적으로 도파민은 즐거움에 영향을 미치는 신경전달 물질로 잘 알려져 있으며 마약이라고 부르는 중독성 약물은 주로 도파민 방출을 증가시키거나 방출된 도파민이 뉴런으로의 흡수를 막는 물질입니다. 마약이 체내에 들어오면 뉴런 끝에 붙어 있는 시냅스 간에 신호를 전달하는 도파민 양이 늘어 극단적인 쾌감을 경험하는데 이러한 쾌감은 몸의 항상성을 유지하려는 작용에 의해 곧 없어지고 다시 이러한 쾌감을 경험하려면 도파민 양이 더 늘어나야 하기 때문에 점점 더 센 마약을 찾게 되어 중독 증상이 생겨납니다.

이러한 마약에 의한 도파민 증가는 연결되어 있지 않아야 할 신경세포(뉴런)까지 연결시켜 뇌에 과부하를 주기 때문에 뇌손상을 일으킵니다. 팔다리에 손상을 입으면 여러 가지 방법으로 치료할 수 있습니다. 수술할 수도 있고 깁스를 해 자체적으로 치유하도록 시간을 줄 수도 있죠. 하지만 뇌가 한 번 손상되면 치료가 매우 어렵습니다. 대부분의 뇌세포(신경세포, 뉴런)는 성인이 된 후 교체되지 않는 것으로 알려져 있기 때문입니다. 교체되더라도 제한적으로 극히 일부만 교체된다고 합니다. 즉 뇌세포가 손상을 입으면 뇌에 영구적인 손상이 될 수 있고 이는 여러가지 문제를 일으킬 수 있죠. 그러므로 마약은 절대로 해서는 안 됩니다.

생명체 내에 있는 대부분의 물질이 그렇지만 도파민은 과하게 있어도 문제지만 모자라도 문제입니다. 도파민이 부족해 생기는 몇 가지 질병이 있는데 떨림과 운동장애가 특징인 파킨슨병도 그중 하나죠. 유명한 천체물리학자 스티븐 호킹이 걸려 잘 알려진 파킨슨병은 흑색질이라는 중뇌 부위의 도파민 분비 뉴런의 상실로 인해 발생한다고 합니다. 도파민을 분비할 수 있는 뉴런이 상실되어 도파민이 부족해져 생기는 병이죠. 그래서 치료제로 쓰이는 물질이 효소(방향족 아미노산 탈탄산효소)를 만나면 도파민이 되는 물질인 L-DOPA(레보도파라고도 알려져 있으며 공식 명칭은 l-3, 4-dihydroxyphenylalanine) 입니다.

다리에 불편한 감각이 있어 다리를 떠는 증상인 하지불안 증후군이나 ADHD로 잘 알려져 있는 주의력 결핍 과잉행동장애도 도파민 활동 감소와 관련 있는 것으로 알려져 있습니다. 또한 도파민은 행동의 동기부여와도 관련 있기 때문에 도파민이 부족하면 어떤 일을 수행하는 의욕이 부족할 수 있다고 알려져 있죠. 그래서 의욕을 높이기 위해 영양제 중 하나로 티로신을 먹는 사람들이 있습니다. 티로신을 먹으면 티로신 수산화효소를 통해 L-DOPA가 생성되고 L-DOPA는 아미노산 탈탄산효소를 통해 도파민이 되기 때문이죠. 하지만 티로신은 중추신경계에 영향을 미치는 물질이므로 과량을 섭취하면 불면증이나 불안감 등의 부작용이 나타날 수 있기 때문에 섭취에 조심해야 합니다.

알레르기 비염 증상을 일으키는 히스타민

20개 아미노산 중 히스티딘이라는 아미노산이 있습니다. 히스티딘은 DNA 내에 있는 코돈 CAT, CAC로부터 합성되는 물질이죠. mRNA에서는 CAU, CAC 코돈으로부터 합성되는 물질이고요.

이 히스티딘은 몸속에서 히스티딘 디카르복실라제라는 효소를 만나면 이산화탄소가 발생하면서 히스타민으로 바뀝니다. 이렇게 생성된 히스타민은 다른 생물학적 분자들과 비교하면 상대적으로 작은 분자이지만 신체에서 중요하고 많은 역할을 합니다. 히스타민은 다양한 결합이 가능한 화학적 특성으로 인해 많은 생리학적 기능에 관여할 수 있어 23가지 생리적 기능에 관여하는 것으로 알려져 있죠. 수소이온과 결합하면 양이온을 운반할 수 있고 구조적으로 유연하기 때문에 생체기관 내 여러 물질들과 더 쉽게 상호작용하고 결합할 수도 있습니다.

히스타민이 하는 많은 역할 중 가장 중요한 역할은 생명체의 수면과 깨어남의 과정을 조절하는 것이라고 할 수 있습니다. 히스타민이 많으면 깨어 있는 상태가 되죠. 히스타민이 부족하면 졸린 상태가 되고요. 앞에서 아데노신이 수면에 관여한다고 언급한 적 있는데 아데노신과 히스타민 둘 다 수면 스위치를 켜고 끄는 역할을 수행합니다.

그런데 알레르기 비염을 가진 사람의 호염기구(과립 백혈구의 일종으로 알레르기 항원에 반응해 히스타민 등을 분비해 혈관 확장과 염증 반응을 유도하는 면역계 구성요소)와 알레르기를 일으키는 항원이 결합하면 면역세포 중 비만세포에서 히스타민을 분비합니다. 히스타민이 분비되면 혈관이 확장되는데 확장된 혈관으로 혈액이 좀 더 많이 흐르면 백혈구나 기타 항체가 항원에 접근하기 쉽게 하는 역할을 하죠. 히스타민은 꼭 필요한 물질이지만 보통 결핍되는 경우보다 너무 많이 분비되어 문제가 되는 물질로 항원에 지나치게 민감하게 반응해 히스타민이 필요 이상 분비되는 경우 알레르기 환자가 되는 것입니다.

히스타민이 분비되면 혈관을 확장시킬 뿐만 아니라 코 점막에 있는 신경을 자극해 재채기를 일으킵니다. 또한 부교감신경을 통해 분비샘을 자극해 콧물이 나오게 되죠. 그리고 확장된 혈관으로 혈장 성분이 누출되어 코 점막을 붓게 만들 수 있습니다. 코 점막이 부으면 부피가 커져 콧구멍이 막히고 이는 숨쉬기 힘든 코막힘의 원인이 되죠. 이러한 일련의 반응을 줄여주기 위해 알레르기 환자에게 히스타민을 줄여주는 항히스타민제가 치료제로 처방되기도 합니다. 항히스타민제는 히스타민을 받아들이는 수용체에 먼저 달라붙어 히스타민이 달라붙지 못하게 하고 히스타민에 의한 작용을 억제하는 역할을 하죠. 그런데 히스타민은 사람의 수면상태를 조절하는 역할도 한다고 했죠. 히스타민이 부족하면 졸린 상태가 되고 히스타민이 많으면 깨어있는 상태가 되도록 말이죠. 그래서 항히스타민제의 가장 대표적인 부작용이 사람을 졸리게 만든다는 것입니다.

8장

프로그램된 세포사멸: 세포 자연사

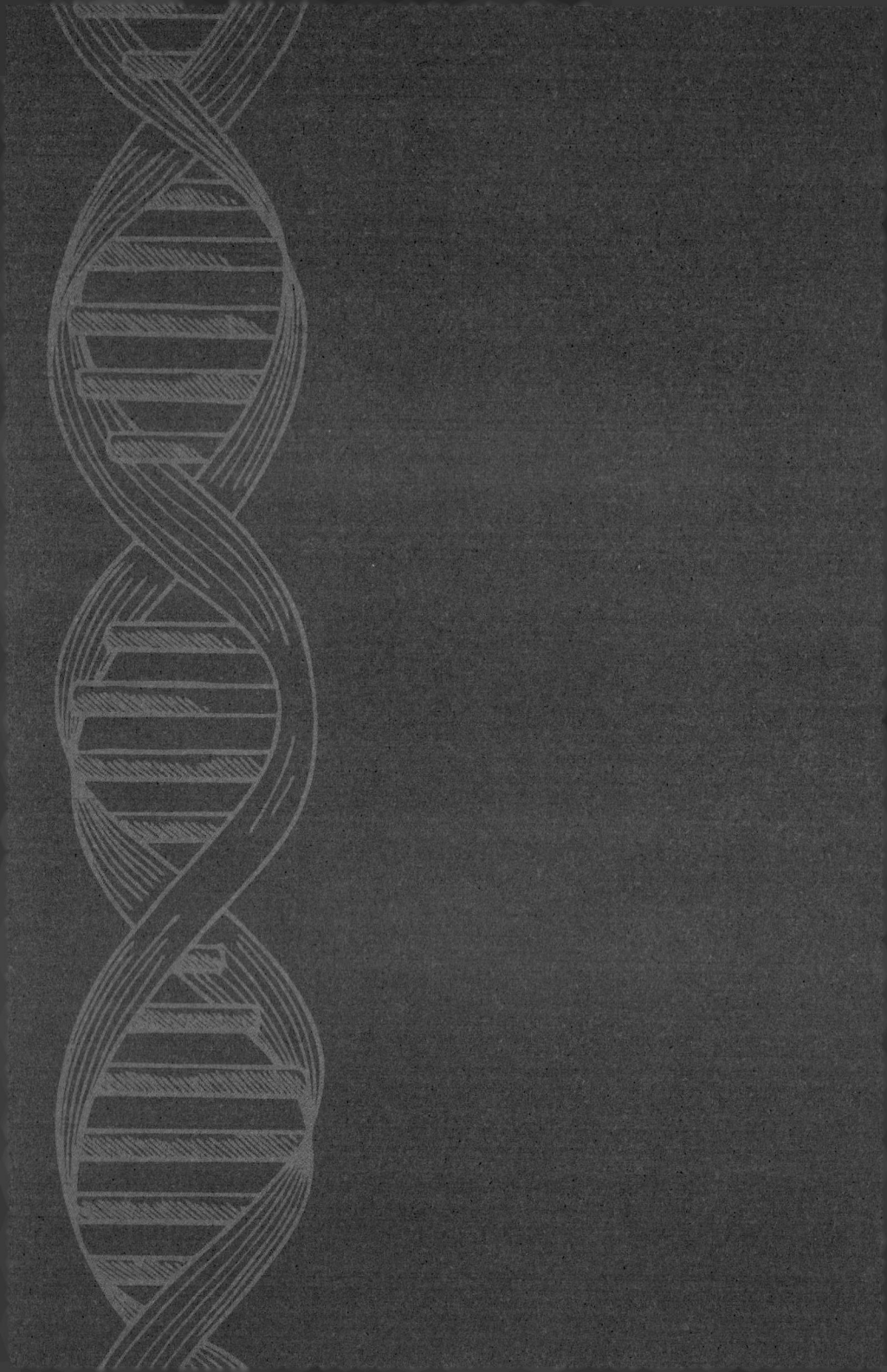

    이전에 저는 요리하기 위해 채소를 손질하다가 칼을 잘못 다루어 손을 다친 적이 있습니다. 엄지와 검지 사이의 물갈퀴처럼 생긴 부위를 다쳤는데 다행히 병원에서 잘 치료받아 큰 흉터 없이 잘 나았습니다. 그런데 치료받을 때 상처 부위가 잘 낫는지 지속적으로 지켜보며 두 가지 궁금증이 생겼습니다. '인간의 손도 오리발처럼 물갈퀴를 가지고 있었던 것은 아닐까?'라는 궁금증과 상처 부위를 봉합하면 부풀었던 상처 부위가 아물면서 원래대로 되돌아가는데 '어떻게 원래 모습을 기억하고 되돌아가는 것일까?'라는 궁금증이었습니다. 나중에 알게 된 사실이지만 공교롭게도 이 두 가지 의문점은 모두 세포 자연사와 연관 있었습니다.

    세포 자연사는 프로그램된 세포사멸 또는 세포자살로 불리는 과정인데 주변 조직의 손상을 최소화하기 위해 세포가 죽는 것입니다. 즉 불필요한 세포나 유해 세포가 생성되면 염증이나 기타 부작용을 일으키지 않고 세포를 없앰으로써 외부 충격이나 감염 등으로 인해 염증을 일으키면서 죽는 괴사와는 다른 형태의 세포 죽음입니다.

그 이전에도 프로그램된 세포사멸의 원리를 설명한 과학자들이 있었지만 실질적인 연구가 시작된 것은 호주의 병리학자 존 커 John Kerr가 전자현미경을 통해 세포조직을 관찰하다가 프로그램된 세포사멸이 염증을 일으키는 괴사에 의한 세포 죽음과 다르다는 것을 발견하면서부터였습니다. 그는 프로그램된 세포사멸이 일어날 때의 조직 미세구조가 괴사가 진행될 때의 조직 미세구조와 상당히 다르다는 것을 전자현미경을 통해 알아냈죠.

세포사멸은 생명체가 살아 있는 내내 발생합니다. 보통 하루에 약 500억 개 세포가 세포사멸로 죽는데 이 수치는 우리 몸이 새로 생성하는 세포 수와 비슷한 수치입니다. 한 사람의 몸에는 약 37조 개 세포가 있는 것으로 추정되니 하루에 약 0.135퍼센트의 세포가 세포사멸로 죽는 것이죠. 세포사멸은 생명체에서 꼭 필요한 과정으로 생명체 내에서 고도로 통제되면서 이루어지는 과정입니다.

그 대표적 예가 인간 배아에서 손가락과 발가락이 분리되는 과정입니다. 물갈퀴처럼 손가락과 손가락 사이가 붙은 형태로 인간 배아가 생성되다가 어느 시점에서 세포사멸이 일어나 분리되는 것이죠. 그와 비슷한 과정이 태아나 아이의 뇌 발달 과정에서도 일어나는 것으로 알려져 있습니다. 불필요하거나 기능이 부적합한 신경세포들이 마치 예정되어 있었던 것처럼 저절로 제거되는 것이죠.

그 외에도 DNA가 손상된 세포나 활성산소에 의해 손상된 세포 등이 세포사멸을 하고 감염된 세포나 면역반응이 끝난 후 면역세포들이 세포사멸을 합니다. 과도한 세포증식을 하는 암세포도 세포사멸을 통해 제거되죠. 즉 세포사멸이 제대로 작동하지 않으면 암과 같은 심각한 질병에 걸릴 수 있으니 생명체가 건강을 유지하는 데 꼭 필요한 과정이라고 할 수 있습니다.

세포사멸은 세포사멸을 조절하는 유전자가 활성화되느냐 그렇지 않느냐에 따라 결정됩니다. 예쁜꼬마선충을 연구한 미국 생물학자 로버트 호로비츠Robert Horvitz가 이 과정을 밝혀냈습니다. 1986년 그는 예쁜꼬마선충의 DNA 내에 ced-3와 ced-4 유전자가 세포사멸과 관련 있음을 알아냈습니다. 그리고 또 다른 유전자인 ced-9가 ced-3와 ced-4 유전자와 상호작용해 세포사멸을 유도한다는 것도 알아냈죠. 그리고 ced-9를 억제해 세포사멸을 활성화하는 EGL-1 단백질도 확인했죠. 또한 세포사멸의 시기를 결정하는 ced-8 유전자도 발견했습니다. 즉 세포사멸을 유도하는 유전자를 단백질 효소가 활성화하는지 여부에 따라 작동하는 것입니다. 이러한 연구 공로로 로버트 호로비츠는 시드니 브레너Sydney Brenner, 존 설스톤John Sulston과 함께 2002년 노벨생리의학상을 수상했습니다. 시드니 브레너는 예쁜꼬마선충을 모델로 사용해 유전자들이 조직과 기관의 발달을 어떻게 조절하는지 알아냄과 동시에 프로그램된 세포사멸을 통해 불필요한 세포들이 어떻게 제거되는지를 규명했고 존 설스톤은 생명체의 발달 과정 중 세포사멸이 불필요하거나 손상된 세포들을 제거해 생명체의 정상적인 발달을 돕는다는 것을 증명한 공로로 노벨상을 수상했죠.

이름은 다르지만 예쁜꼬마선충과 마찬가지로 인간을 포함한 포유류에도 세포사멸을 조절하는 유전자들이 있습니다. 그리고 예쁜꼬마선충과 마찬가지로 이 유전자들을 조절하는 여러 종류의 단백질 효소가 있는데 이들을 카스파제라고 합니다. 세포사멸을 일으키는 경로는 내인성 경로와 외인성 경로 두 가지입니다. 내인성 경로는 세포사멸하는 세포 내에서 신호가 시작되는 것이고 외인성 경로는 다른 세포의 신호로 인해 세포가 사멸되는 것입니다. 내인성 경로와 외인성 경로 모두 카스파제 효소가 활성화되면 세포사멸이 진행됩니다. 세포사멸이 진행되면 세포의 크기가 작아지고 작아진 세포는 대식세포에게 먹혀 소멸됩니다. 대식세포는 포식작용을 하는 세포로 바이러스, 세균 등을 감지하고 삼켜 분해하는데 세포사멸이 되어 죽은 세포도 대식세포의 먹이가 되는 것이죠. 이렇게 대식세포는 바이러스, 세균, 죽은 세포 등을 먹은 후 세포 소기관인 리소좀에서 효소를 이용해 분해하고 분해한 물질 중 세포에 필요한 물질은 재사용해 에너지 생성에도 사용하고 불필요한 물질은 세포 밖으로 배출합니다.

내인성 경로를 통해 세포가 사멸할 때 신호물질은 사이토크롬c입니다. 즉 인간을 포함한 포유류에서 세포사멸이 진행되려면 사이토크롬c가 방출되어야 하는데 세포 내에서 이 물질을 방출하는 기관이 미토콘드리아입니다. 앞에서 미토콘드리아에 관해 자세히 다루기는 했지만, 여기서 다시 한번 설명하면서 기억을 떠올려 보겠습니다.

미토콘드리아는 세포 내에서 세포호흡을 통해 에너지를 생산하는 기능을 해 세포의 발전소라고도 불리는 세포 내 소기관입니다. 주요 기능은 생명체가 에너지원으로 사용하는 포도당을 분해해 ATP(아데

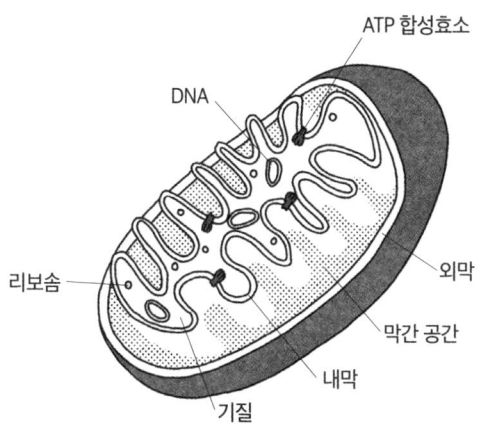

미토콘드리아의 구조

노신 삼인산)라는 에너지원을 만드는 것입니다. 우리가 탄수화물과 같은 음식을 먹으면 인체에서 잘게 부숴 포도당이 되는데 이 포도당을 이용해 ADP(아데노신 이인산)에 인산을 붙여 ATP를 생성합니다. 이렇게 생성된 ATP는 근육을 움직이거나 뇌에서 신경전달 물질을 방출하는 데 쓰이기 때문에 생명체의 에너지 화폐라고도 불리며 이렇게 중요한 ATP를 생성하는 소기관이 미토콘드리아죠. ATP는 미토콘드리아 내에 있는 ATP 신타아제에서 만들어집니다.

미토콘드리아는 호기성 세균과 매우 유사합니다. 호기성 세균은 산소호흡을 해 에너지를 얻는 세균이죠. 미토콘드리아와 호기성 세균은 생명현상을 유지하는 에너지 대사 과정이 거의 같다고 할 수 있습니다. 차이점이 있다면 미토콘드리아는 이중막을 가지고 있고 호기성 세균은 대체로 단일 세포막을 가지고 있다는 것이죠. 미토콘드리아는 세포막 외부가 다른 세포의 내부여서 이중막을 형성한 것으로 생각됩니다. 미토콘드리아와 호기성 세균 모두 포도당과 같은 영양소로부터 전자를 얻어 전자전달계를 통해 산소로 전달하고 전자가 분리되면서 생성된 양성자를 세포막 밖으로 보내게 됩니다. 미토콘드리아는 세포막이 이중막이어서 양성자가 막과 막 사이에 모이게 되고 호기성 세균은 세포막 바깥에 모이게 됩니다. 이렇게 양성자를 모으는 과정을 양성자 펌핑이라고 부르고 이렇게 양성자가 쌓인 상태를 양성자 기울기라고 합니다.

양성자 펌핑에 의해 세포막 바깥에 양성자가 쌓이면 세포 내에 전자가 전달된 전자전달계(음이온)와 전기적 인력이 발생하기 때문에 전위차가 생겨 에너지를 얻을 수 있습니다. 이 에너지를 이용해 ADP를 ATP로 환원시키면 생명체가 사용할 수 있는 에너지 화폐가 만들어지는 것이죠. 그 과정은 미토콘드리아와 호기성 세균 모두 같습니다. 이렇게 호기성 세균과 미토콘드리아의 에너지 대사과정의 유사성 때문에 세포 내 공생이론이 발생한 것입니다. 즉 호기성 세균이 다른 세포 내에 들어가 두 세포가 합쳐져 새로운 생명체가 되었다고 의심하기 시작한 것이죠. 최근 학계는 세포 내 공생설을 거의 사실로 인정하는 분위기입니다.

이렇게 세균과 유사하면서 세포 내에서 에너지원인 ATP를 생성하는 소기관으로만 알았던 미토콘드리아가 사실 세포사멸에도 관여하고 있는 것이죠. 세포사멸을 통해 생명체 내에 불필요한 세포를 없애는 역할을 하고 심지어 비정상 세포인 암세포가 발생하면 암세포를 없애는 역할도 합니다. 암세포는 정상 세포와 달리 비정상적으로 성장하고 증식하는 특징이 있는데 종양 억제 단백질은 이러한 비정상적인 암세포의 DNA 손상을 인식하고 세포사멸 경로를 활성화하죠. 세포사멸 신호는 미토콘드리아의 막을 불안정하게 하고 이로 인해 외막의 투과성이 증가하면 미토콘드리아에서 사이토크롬c와 같은 단백질이 세포질로 방출되어 세포사멸이 진행됩니다. 이러한 메커니즘을 이용해 최근 미토콘드리아를 암 치료에 활용하는 방법을 연구 중입니다.

또한 미토콘드리아는 생명체의 노화와도 깊은 관련이 있는 것으로 알려져 있습니다. 미토콘드리아에서 ATP를 생성할 때 세포호흡을 하면서 산소에 전자가 전달되는데 이로 인해 수퍼옥사이드, 과산화수소, 하이드록시 라디칼 등의 활성산소가 부산물로 생성됩니다. 활성산소는 반응성이 좋아 세포 내 분자에 손상을 줄 수 있으며 특히 미토콘드리아의 DNA에 영향을 미쳐 기능을 저하시킵니다. 미토콘드리아는 세포핵과는 별도로 자체 DNA를 가지고 있습니다. 그래서 필요한 단백질을 자체적으로 만들 수 있지만 이 DNA가 손상되면 미토콘드리아의 기능이 떨어지고 세포의 에너지 생산이 저하되어 세포가 필요로 하는 에너지를 얻지 못해 노화가 촉진되는 것이죠. DNA는 손상되면 복구 메커니즘이 있어 복구될 수 있지만 미토콘드리아 DNA는 상대적으로 손상에 취약하고 복구 메커니즘이 제한적이어서 돌연변이가 축적될 가능성이 큽니다. 이러한 돌연변이들은 미토콘드리아 효소 기능과 ATP 생성 효율에 영향을 미치고 세포의 에너지 공급이 점점 부족해지면서 노화가 진행되죠.

면역계의 메신저, 사이토카인

사이토카인은 면역세포들이 서로 신호를 주고받을 때 분비하는 단백질 신호물질입니다. 쉽게 말해 면역 시스템의 메신저 역할을 하는 물질이죠. 사이토카인은 세포핵에서 유전자 발현을 통해 합성된 후 세포 외부로 분비되는 저분자 단백질로 다른 세포의 성장, 분화, 활성화, 이동, 사멸 등을 조절합니다.

사이토카인은 주로 면역세포인 T세포, B세포, 대식세포 등의 분화와 증식을 유도해 면역기능을 조절합니다. 그리고 사이토카인 중 케모카인이 이렇게 조절된 면역세포를 염증 부위나 림프절로 이동시키는 역할을 하죠. 그리고 세포사멸에도 관여합니다. 염증을 일으키지 않는 세포 자연사에도 관여하고 염증을 일으키는 세포사멸에도 관여합니다. 사이토카인이 세포사멸에 관여하는 과정은 우선 외부자극이나 세균 또는 바이러스의 감염이 있으면 사이토카인이 분비되고 이들이 세포막에 결합해 신호복합체를 형성합니다. 신호복합체를 형성한 후에는 카스파제를 활성화하거나 다른 경로를 활성화해 세포 내 구조물을 분해하고 세포사멸을 완성하죠.

같은 사이토카인인 TNF-α가 세포막의 수용체에 붙어도 세포의 상태에 따라 사멸방식이 달라집니다. 세포가 병원체에 감염된 상태면 사이토카인 신호는 면역세포들을 감염 부위로 정확히 유도하고 감염된 세포를 제거할 수 있는 환경을 조성해 세포사멸을 진행시킵니다.

이렇게 면역계의 메신저 역할을 하는 사이토카인이 인체 내에서 부족해지면 면역저하가 일어나 병원체 감염에 취약한 상태가 됩니다. 사이토카인이 부족하면 T세포나 대식세포를 활성화시키지 못하기 때문에 바이러스나 세균에 대한 면역이 약해지고 병에 걸리기 쉬운 상태가 됩니다. 그렇다고 사이토카인이 많아서도 안 됩니다. 사이토카인이 너무 많이 분비되면 사이토카인 폭풍이 일어나는데 사이토카인 폭풍은 사이토카인이 통제되지 않고 과잉 분비되어 병원체에 감염된 세포는 물론 정상세포까지 공격해 염증을 일으키는 상태를 의미합니다.

팬데믹을 일으켜 한동안 인류를 괴롭혔던 코로나바이러스와 함께 팬데믹까지는 아니지만 가끔 발병해 인류를 괴롭히는 바이러스인 조류독감 H5N1, 사스 SARS, 메르스 MERS 등이 사이토카인 폭풍을 유발하는 대표적인 사례입니다. 이러한 바이러스들은 바이러스 자체보다 바이러스로 인한 면역반응이 더 위험하죠. 호흡기 바이러스인 이 바이러스들이 폐세포에 침투해 감염되면 면역세포가 바이러스의 RNA나 단백질을 인식하고 이를 통해 염증성 사이토카인 유전자의 전사를 유도해 사이토카인이 분비됩니다. 이 과정에서 신호전달 경로가 과도하게 활성화되면서 대량의 사이토카인이 지속적으로 분비되는 현상이 사이토카인 폭풍입니다. 특히 초기 방어에 실패할 경우 면역계는 보상적으로 과도하게 활성화되어 사이토카인 폭풍을 유발하는 경향이 있습니다.

사이토카인이 과다하게 분비되면 면역세포도 과다하게 활성화되어 유입되는데 유입된 면역세포가 감염된 세포는 물론 인접한 정상세포까지 공격합니다. 대표적인 면역세포인 T세포 중 하나인 CD8+ T세포는 면역계의 정밀타격요원으로 감염된 세포를 직접 죽이는 역할을 하는데 사이토카인 폭풍이 일어나면 세포독성작용으로 비감염 세포까지 사멸을 유도하죠. 또한 사이토카인 폭풍이 일어나면 면역세포의 유입을 증가시키기 위해 혈관이 확장되는데 이러한 변화는 혈압저하, 장기가 부풀어 오르는 부종, 두 개 이상의 장기가 기능을 상실하는 다발성 장기부전 등을 유발해 생명을 위협합니다. 사이토카인 폭풍이 발생하면 스테로이드계 항염증제나 사이토카인 차단제 등을 사용할 수 있지만 증상이 한 번 심해지고 나면 억제하기 매우 어렵기 때문에 초기 징후를 빨리 감지해 치료에 개입하는 것이 환자의 생존율을 높이는 데 매우 중요합니다.

9장

생명체가 에너지를 얻는 또 다른 방식: 자가포식

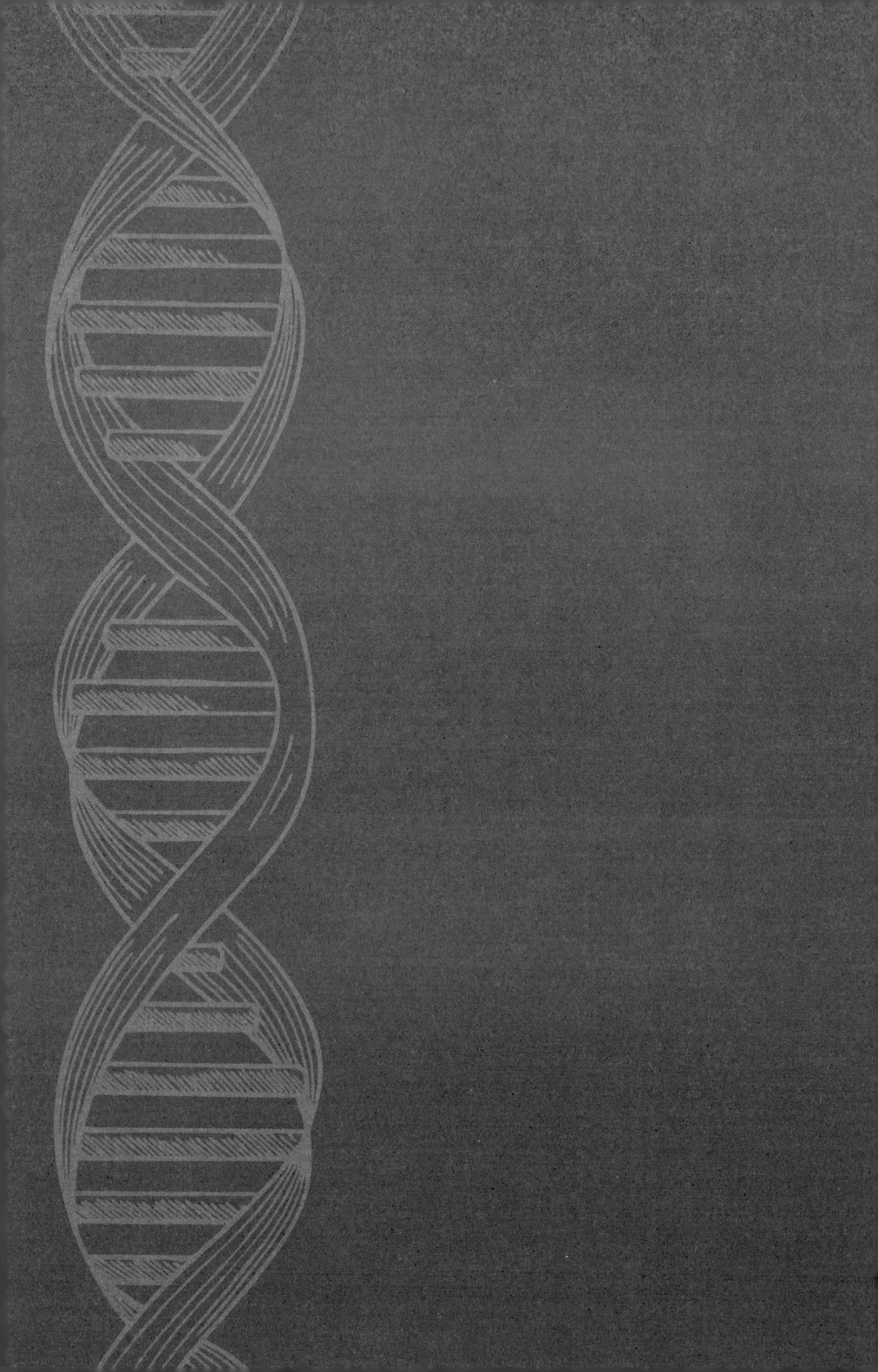

생명체가 생명을 유지하고 활동하기 위해서는 끊임없이 에너지를 생성하고 소비해야 합니다. 단세포 원핵 생명체인 세균이나 고세균부터 동식물까지 모두 에너지가 필요하죠. 미생물 중에서 화학합성을 하는 미생물들은 외부 화학물질을 통해 에너지를 얻죠. 수소, 이산화황, 철, 메탄을 비롯한 유기물 등 다양한 물질을 통해 에너지를 얻습니다. 이렇게 화학물질을 통해 에너지를 얻는 세균을 화학합성 세균이라고 합니다. 햇빛을 이용해 직접 에너지를 얻는 세균도 있습니다. 남세균을 비롯한 많은 세균은 빛을 흡수할 수 있는 색소가 있어 광합성을 통해 에너지를 얻는데 이러한 세균을 광합성 세균이라고 하죠.

메탄생성 고세균과 산소호흡을 하는 호기성 세균이 공생하면서 진핵세포 생명체가 탄생합니다. 이 과정에서 프로테오박테리아 계열의 호기성 세균이 메탄생성 고세균의 몸속으로 들어가 세포 소기관인 미토콘드리아가 됩니다. 이렇게 형성된 진핵세포 생명체는 화학합성 세균과 마찬가지로 외부에서 에너지가 있는 화학물질을 섭취해 살아갑

육탄당과 오탄당의 구조

  니다. 이러한 생명체가 바로 동물이죠. 그리고 진핵 생명체 중 몇몇은 남세균을 추가로 세포 안에 흡수해 소기관인 엽록체를 형성합니다. 이렇게 형성된 진핵세포 생명체는 엽록체를 통해 햇빛을 이용해 광합성을 합니다. 햇빛 외에 추가적인 에너지원이 필요 없는데 이러한 생명체가 바로 식물입니다.

  인간을 포함한 동물은 화학합성 세균처럼 수소, 이산화황, 철 등을 섭취해 에너지를 얻을 수는 없습니다. 그 대신 다른 생명체들이 합성한 유기물을 섭취해 에너지를 얻죠. 유기물은 당을 포함한 탄수화물, 지방, 단백질로 구성되어 있습니다. 유기물을 섭취한 후 에너지 생성과정은 소화, 흡수, 대사 경로를 거쳐 ATP 형태로 에너지를 확보합니다.

  탄수화물은 당이 여러 개 붙어 있는 형태의 유기물이죠. 당은 주로 오탄당과 육탄당인데 오탄당은 탄소가 다섯 개 붙어 있는 당으로 리보오스와 디옥시리보오스가 여기에 속하죠. DNA와 RNA의 뼈대를 이루는 당입니다. 육탄당에는 포도당, 과당, 갈락토스 등이 있는데 우리가 섭취하는 설탕, 전분, 젖당, 과당 등이 이러한 육탄당이 여러 개 붙어 있는 형태입니다. 탄수화물은 소화 효소(아밀레이스 등)에 의해 단당류(주로 포도당)로 분해되어 소장에서 흡수되고 흡수된 포도당은 혈액을 통해 간, 근육, 뇌 등 각 조직으로 운반되어 세포에 에너지를 공급합니다. 포도당은 진핵세포가 이용하기 매우 좋은 에너지원입니다. 포도당은 진핵세포의 세포질에서 피루브산으로 전환됩니다. 전환된 피루브산은 미토콘드리아로 들어가 다량의 ATP로 전환되죠.

미토콘드리아는 산소를 이용해 호흡하고 이를 통해 ATP를 생성하므로 동물은 호흡을 통해 산소를 흡수하고 폐를 통해 이를 혈액에 공급합니다. 산소가 공급된 혈액은 심장을 통해 온몸의 세포에 전달되고 이를 미토콘드리아가 사용하는 시스템으로 진화했습니다. 단세포 생명체는 세포막을 통해 에너지원을 받아들이고 진핵세포로 진화한 다세포 생명체도 기본적인 에너지 대사는 단세포와 비슷해 세포막을 통해 에너지원을 받아들입니다. 그런데 다세포 생명체는 세포들로 둘러싸여 있어 외부로부터 직접 에너지를 얻을 수 없으므로 에너지 공급시스템이 필요합니다. 동물에서는 이 역할도 혈액이 하죠. 그래서 혈액에는 일정량의 포도당이 포함되어 있는데 이를 혈당이라고 합니다.

탄수화물을 과다 섭취하면 우선 저장해둡니다. 포도당이 여러 개 붙어 있는 형태인 글리코겐으로 간이나 근육에 저장하죠. 간에 저장된 글리코겐은 혈당이 모자랄 때 다시 분해되어 혈당을 올리는 역할을 합니다. 근육에 저장된 글리코겐은 운동 등으로 근육을 사용하면 소모됩니다. 하지만 탄수화물을 계속 섭취해 포도당도 남고 글리코겐도 남는 상태가 되면 지방으로 저장합니다.

저장되는 형태는 글리세롤 하나의 분자에 포화지방산 세 개가 에스터 결합한 형태인 포화 중성지방으로 저장됩니다. 우리가 흔히 살쪘다고 표현하는 과정이죠. 우리가 주로 먹는 돼지고기, 소고기, 닭고기의 지방을 섭취하면 이 포화지방을 섭취하는 것입니다. 우리가 지방을 섭취하면 탄수화물보다 소화하기 더 어렵습니다. 지방은 소장에서 본격적인 소화가 시작됩니다. 간에서 만들어져 쓸개에 저장되었다가 소장에서 분비되는 쓸개즙(담즙산)은 지방을 에멀전화시켜 물에 섞일 수 있도록 만들고 췌장에서 분비되는 라파아제가 포화지방(트라이글리세라이드)을 지방산으로 분해합니다. 분해된 지방산은 소장에서 흡수된 후 키로미크론 형태의 지질단백질 형태가 되어 혈류를 타고 돌아다니며 근육조직이나 지방조직에 지방산을 공급합니다. 근육조직의 근육세포 안으로 들어온 지방산은 미토콘드리아에서 베타산화 과정을 통해 에너지원으로 사용될 수 있습니다. 지방세포로 공급된 지방산은 다시 중성지방 형태로 저장되죠.

포화 중성지방에 있는 탄소 원자는 수소 원자로 포화된 상태입니다. 전체가 단일결합이고 탄소 원자와 탄소 원자도 단일결합 상태인데 이 단일결합이 매우 안정적이어서 분해하기 쉽지 않습니다. 또한 지방은 물에 잘 녹지 않아 에멀전 형태로 분해해야 하며 지방산과 모노글리세

라이드는 소장 상피세포로 흡수된 후 다시 중성지방으로 재합성되어 키로미크론 형태로 림프계를 통해 혈류로 운반되는 과정이 탄수화물 소화보다 복잡하고 시간도 많이 걸립니다. 그래서 탄수화물보다 소화하기 어렵지만 더 많은 에너지를 얻을 수 있죠.

지방산을 분해해 에너지를 생성하는 중요한 대사과정은 미토콘드리아에서 일어나는 베타산화 과정인데 특히 에너지 요구가 높은 세포에서 더 중요하게 작용합니다. 베타산화가 주로 일어나는 조직은 간과 근육세포입니다. 간은 베타산화를 통해 지방산을 분해해 에너지를 생성하며 필요하면 케톤체를 생성합니다. 케톤체는 신경계 및 다른 조직에서 추가적인 에너지원으로 사용될 수 있죠. 우리가 탄수화물을 먹지 않으면 당이 부족한 상태가 되므로 간에서 지방을 분해해 형성한 케톤체를 에너지원으로 사용합니다. 우리가 흔히 케토식 다이어트(케토제닉 다이어트)라고 부르는 것이 이 케톤체를 주 에너지원으로 사용할 수 있는 몸 상태를 만드는 것이죠. 케토식 다이어트는 탄수화물 섭취를 극도로 제한하고 지방 섭취를 대폭 늘리고 적당량의 단백질을 섭취하는 식이요법인데 이렇게 음식물을 섭취하면 신체가 탄수화물 대신 지방을 주요 에너지원으로 사용하므로 케톤체를 생성하는 과정이 활발해져 지방분해를 촉진하게 됩니다. 다이어트에도 효과적이고 혈당 관리도 쉬워집니다. 탄수화물을 먹으면 분해하기 쉬워 혈당이 쉽게 오르고 쉽게 내려가는 반면 지방은 분해 과정이 복잡하고 어려워 쉽게 혈당이 올라가지 않고 에너지량은 탄수화물보다 많아 쉽게 혈당이 떨어지지도 않습니다. 혈당 관리가 쉬워지는 것이죠.

주로 육류의 지방에서 섭취하는 포화지방 외에 불포화지방도 있습니다. 불포화지방은 탄소가 수소로 포화되지 않아 이중결합을 가진 지방으로 주로 식물성기름과 견과류, 생선 기름에 많이 들어 있습니다. 불포화지방도 포화지방과 유사한 소화 과정을 거치지만 이중결합이 있어 베타산화 과정이 포화지방산보다 복잡합니다. 이중결합이 하나 있는 경우 특수한 효소(이성화 효소)가 이중결합의 위치를 변경해 베타산화가 진행되도록 만들고 이중결합이 여러 개 있는 경우 각 이중결합마다 추가적인 이성화 및 환원 단계를 거쳐야 해 베타산화 과정이 더 복잡하고 시간도 많이 걸립니다. 그리고 포화지방은 LDL Low-Density Lipoprotein(저밀도 지단백질) 콜레스테롤 수치를 증가시키는 반면 불포화지방은 LDL 콜레스테롤을 낮추고 HDL High-Density Lipoprotein(고밀도 지단백질) 콜레스테롤을 증가시켜 심혈관 건강에 긍정적인 영향을 미치는 것으로 알려져 있죠.

세포의 에너지원으로 쓰이는 탄수화물과 지방의 에너지 대사와 달리 단백질을 섭취하면 분해한 후 다시 단백질을 만드는 데 가장 많이 쓰입니다. 단백질은 위와 소장에서 소화 효소(펩신, 트립신 등)에 의해 아미노산과 작은 펩타이드로 분해된 후 소장 상피세포를 통해 혈류로 흡수됩니다. 혈액에 흡수된 아미노산은 단백질 합성에 이용되죠. 결과적으로 단백질을 먹으면 단백질이 됩니다. 탄수화물과 지방의 공급이 부족할 때는 흡수된 아미노산이 탈아민화 과정을 거쳐 포도당으로 합성되거나 시트르산 회로에 들어가 ATP를 생성하는 데 이용되죠. 탈아민화 과정은 간에서 이루어지므로 탄수화물과 지방을 섭취하지 않고 단백질만 섭취하면 간에 무리를 줄 수 있습니다. 건강한 사람들의 경우 고단백 식단이 간 기능에 부정적 영향을 미치지 않는다는 연구결과가 있지만 장기적으로 단백질만 섭취하면 간에 무리를 줄 수 있어 건강에 좋은 식습관이라고 할 수는 없습니다.

  단백질을 먹지 않아도 세포 내부에서 손상되거나 필요 없는 단백질, 세포 소기관, 기타 생체 고분자를 분해해 아미노산을 만드는 리소좀이라는 소기관이 있습니다. 리소좀은 세포 내부에서 기존 단백질을 분해해 아미노산으로 재활용하는 재활용 공장 역할을 합니다. 리소좀은 특히 대식세포에 많이 존재합니다. 우리 몸에는 면역체계가 있어 외부의 병원체나 유해물질로부터 몸을 보호하고 체내에서 발생하는 비정상적인 세포를 제거해 건강을 유지합니다. 이 면역체계는 선천성 면역체계와 적응성 면역체계로 나뉘는데 선천성 면역체계의 대표적 세포가 바로 대식세포죠. 적응성 면역체계의 대표적 세포는 T세포입니다. 한동안 우리를 괴롭힌 코로나바이러스로부터 우리 몸을 지키기 위해 예방접종을 하면 코로나바이러스를 항체로 기억하는 T세포가 생겨 우리 몸을 보호하는 면역체계가 작동하는데 이것이 바로 적응성 면역체계입니다. 적응성 면역체계와 달리 선천성 면역체계는 태어날 때부터 가지고 있는 면역 시스템으로 우리 몸에 병원체가 들어오면 백혈구를 통해 즉시 반응하는 시스템이죠.

  대식세포는 골수에서 미성숙 세포 형태로 생성된 후 혈류를 타고 이동하다가 조직으로 들어가 성숙한 대식세포가 됩니다. 신체의 다양한 조직에서 발견될 수 있는데 특히 폐, 간, 비장, 림프절 등 면역 방어가 중요한 곳에 집중되어 있죠. 대식세포는 외부에서 들어온 병원체(박테리아, 바이러스 등), 손상된 세포, 세포 잔해, 이물질 등을 탐식해 제거합니다. 이들은 세포막으로 이러한 물질들을 둘러싸 포식 세포를 형성한 후 리소좀과 결합해 강력한 가수분해 효소로 이를 분해하죠. 대식세포는 외부에서 유입된 병원체나 손상된 세포, 이물질 등을 포식한 후 이를 분해하는 역할을 하므로 리소좀이 많이 필요하죠.

리소좀의 또 다른 역할 중 하나는 자가포식 autophagy입니다. 자가포식은 세포 내에서 손상되거나 오래된 소기관을 리소좀에서 분해하는 과정으로 영양분이 부족할 때 세포 내 물질 중에서 불필요하거나 기능이 떨어진 미토콘드리아 같은 소기관 등을 먹어 재활용하는 것이죠. '먹는다'라는 표현이 좀 이상하지만 그 과정을 살펴보면 '먹는다'라고 표현한 이유를 알 수 있습니다. 그래서 세포가 자신을 먹는다는 뜻의 자가포식이라고 부르죠.

리소좀을 처음 발견한 크리스티앙 드 뒤브 Christian de Duve가 자가포식도 처음 발견하고 명명했습니다. 그는 1960년대 세포 내에서 리소좀이 손상된 소기관을 분해하는 과정을 연구하다가 자가포식 현상을 발견했습니다. 이후 자가포식의 메커니즘은 오스미 요시노리 Yoshinori Ohsumi에 의해 밝혀졌죠. 오스미는 자가포식 연구를 위해 효모를 모델 시스템으로 사용했습니다. 효모는 맥주나 빵, 막걸리 등의 발효식품을 만들 때 넣어주는 미생물로 산소가 있는 환경에서는 포도당을 분해해 에너지를 얻고 물과 이산화탄소를 배출하지만 산소가 없는 환경이 되면 포도당을 분해해 에탄올과 이산화탄소를 생성하므로 술을 만드는

데 주로 쓰이죠. 오스미는 효모에서 자가포식 현상을 실험적으로 유도하고 이 과정을 현미경으로 관찰했습니다.

오스미는 효모가 자가포식하도록 만들기 위해 일부러 영양이 결핍된 상태를 만들었습니다. 그리고 효소 억제제를 사용해 자가포식체 autophagosome가 분해되지 않도록 했죠. 이렇게 하면 자가포식이 일어나더라도 자가포식체가 분해되지 않고 쌓여 현미경으로 관찰하기 더 쉽습니다. 이 과정을 통해 세포 내에서 자가포식체가 형성되고 리소좀과 결합하는 과정을 전자현미경으로 관찰했고 자가포식이 실제로 일어나는 메커니즘을 구체적으로 이해할 수 있었죠.

추가로 오스미는 자가포식을 조절하는 유전자를 발견하기 위해 자가포식 유전자(ATG 유전자)에 돌연변이를 일으키는 실험을 진행했습니다. 자가포식이 억제된 돌연변이 세포와 정상 세포를 비교해가며 자가포식에 중요한 역할을 하는 유전자들을 하나씩 찾아내고 그 기능을 분석해 어떤 유전자가 자가포식에 관여하는지 파악했습니다. 그의 연구는 자가포식이 세포 내 항상성을 유지하고 영양 결핍과 스트레스 상황에서 세포 생존에 중요한 역할을 한다는 사실을 밝혀낸 것입니다. 이러한 연구공로로 2016년 그는 노벨생리의학상을 수상했습니다.

여기서 재미있는 것은 오스미가 자가포식을 유도하기 위해 영양이 결핍된 상태를 일부러 만들었다는 것입니다. 영양이 풍부한 상태에서는 자가포식이 잘 일어나지 않기 때문이죠. 영양분이 충분하면 영양분을 분해해 필요한 물질이나 에너지를 얻으면 되니까 굳이 제 살 깎기 식의 자가포식을 하지 않는 것이죠. 그런데 자가포식이 일어나지 않으면 불필요한 단백질이나 손상된 미토콘드리아가 세포 내에 쌓여 세포 건강에 좋지 않습니다. 특히 손상된 미토콘드리아는 과도한 활성산소를 생성할 수 있어 세포의 노화를 가속할 수 있죠.

즉 영양이 결핍된 상태에 노출되는 것이 세포 입장에서 더 좋다고 할 수 있습니다. 자가포식이 일어나면 불필요한 단백질이나 손상된 미토콘드리아를 리소좀에서 분해해 재활용하므로 세포가 깨끗해지고 필요한 물질과 에너지도 얻게 되니 말입니다. 자가포식은 효모뿐만 아니라 인간 세포에서도 일어납니다. 영양이 결핍된 상태를 만들면 인체 내 세포에서도 자가포식이 일어납니다. 영양이 결핍된 상태를 만드는 방법은 매우 간단합니다. 먹지 않는 것이죠. 그래서 노화를 예방하는 방법 중에 간헐적 단식이 있습니다. 간헐적 단식에는 여러 가지 방법이 있지만 가장 간단하게는 12시간 이상 음식을 먹지 않으면 됩니다. 16시간 동안 공복을 유지하면 더 좋다고 알려져 있습니다. 이렇게 하려면 아침은 먹지 않고 점심과 저녁을 먹으면 됩니다. 물론 야식도 안 먹어야 하죠. 굶기만 해도 젊어진다니 정말 다행입니다.

생명체를 유지하는 반응에 관여하는 효소

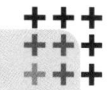

물질대사는 신진대사라고도 하며 생명체가 생명을 유지하기 위해 세포 내에서 이뤄지는 모든 화학작용을 의미합니다. 주로 우리가 먹은 음식을 분해하고 분해된 물질을 우리 몸에서 필요로 하는 물질로 합성하는 과정이라고 할 수 있죠. 우리가 먹은 음식은 유기분자로 분해되고 우리는 여기서 에너지를 얻습니다. 이렇게 얻은 에너지로 단백질이나 핵산과 같은 세포의 구성 성분을 합성해 생명활동을 유지하는 것이죠. 분해하는 과정을 이화작용, 합성하는 과정을 동화작용이라고 합니다.

유기물질을 분해하거나 합성하는 과정은 화학적 결합을 끊거나 다시 이어붙이는 과정인데 과정이 복잡하고 시간이 오래 걸리기 때문에 반응이 쉽게 일어나도록 도와주는 물질이 필요한데 이 물질이 효소입니다. 먹은 물질을 분해하는 이화작용에 필요한 효소를 소화효소라고 부르고 분해된 물질로 생명활동에 필요한 물질을 합성하는 동화작용에 필요한 효소를 대사효소라고 부릅니다.

효소는 주로 복합 단백질로 이루어져 있습니다. 대부분이 단백질이지만 단백질이 아닌 비단백질 성분도 있고 이것이 합쳐져 있기 때문에 복합 단백질이라고 하죠. 효소의 비단백질 부분은 떨어지고 붙기를 반복할 수 있는데 이렇게 떨어지고 붙기를 할 수 있는 비단백질 부분을 조효소라고 합니다. 생명체가 에너지를 얻어 활동할 수 있는 에너지 대사 과정에서 매우 중요한 물질들이 조효소인데, 이 책에서 여러 번 등장한 NAD, NADP, ATP, 코엔자임 Q10^{Ubiquinone} 등이 모두 조효소입니다. 우리가 건강식품으로 먹는 비타민 중에 이러한 조효소의 구성 성분인 물질들이 많습니다.

우리가 나이를 먹으면 노화가 진행되어 소화 능력이 떨어지는데 이렇게 되면 조효소들이 부족해집니다. 이럴 때 부족한 조효소를 쉽게 만들도록 비타민을 먹어주면 떨어진 에너지 대사 능력을 다시 향상시킬 수 있습니다. 그래서 많은 제약회사가 비타민을 광고할 때 피로회복을 강조하는 것이죠. 피로는 에너지 대사과정이 원활히 진행되지 않아 몸에서 필요로 하는 에너지와 물질을 적절히 공급받지 못해 발생합니다.

특히 세포의 에너지 화폐라고 알려진 조효소 ATP는 환원된 상태로 에너지를 저장했다가 산화되면서 세포에서 필요로 하는 에너지를 전달합니다. 앞에서도 설명했듯이 이화작용은 유기물을 분해하는 과정이고 동화작용은 분해된 물질로 필요한 유기물을 합성하는 과정인데 ATP는 동화작용과 이화작용 사이에서 다리 역할을 합니다. 이화작용을 하면서 ATP가 생산되고 동화작용을 하면서 ATP가 소모되는 것이죠.

이화작용을 하는 소화효소는 우리가 음식을 먹으면 침샘, 위장, 소장 등 각 기관에서 분비되고, 특히 췌장은 소화에 필요한 다양한 효소를 분비하는 기관입니다. 탄수화물은 침샘과 췌장에서 분비되는 아밀라아제에 의해 당으로 분해됩니다. 당은 우리 몸에서 가장 쉽게 쓸 수 있는 에너지원이죠. 단백질은 췌장과 소장에서 분비되는 프로테아제에 의해 분해되어 우리 몸에 필요한 아미노산이 되고 지방은 췌장에서 생성되어 여러 기관으로 분비되는 리파아제에 의해 지방산글리세롤이라는 성분으로 분해됩니다.

이렇게 소화효소가 음식물을 우리 몸에 필요한 물질로 분해해 준비하면 대사효소가 이들을 다시 합성해 우리 몸의 면역기능을 향상시키고 손상된 세포를 복구하며 자율신경계와 호르몬 조절 등을 할 수 있게 도와줍니다. 그런데 체내에서 분비되는 효소는 나이가 들면서 감소하죠. 효소가 감소하면 우리 몸에 필요한 물질을 원활히 얻지 못하고 에너지도 저장도 원활히 할 수 없어 물질과 에너지가 모자란 상태가 됩니다. 이렇게 되면 면역력도 떨어지고 손상된 세포를 복구하지 못해 노화가 빨리 진행되며 호르몬 조절이 쉽지 않아 여러 가지 몸의 변화를 일으킵니다.

효소는 체내에서 만들 수 있지만 음식물을 통해서도 보충할 수 있습니다. 효소는 과일과 채소, 발효식품에 풍부하게 들어 있는 것으로 알려져 있습니다. 고기를 연하게 할 때 쓰이는 과일인 키위나 파인애플에는 단백질 분해효소가 많이 들어 있어 고기의 단백질 성분을 분해해 부드럽게 만듭니다. 단백질을 키위나 파인애플과 함께 먹어 단백질 분해효소를 섭취하면 좋겠죠. 지방을 분해하는 효소는 피마자라고도 부르는 아주까리에 많이 들어 있는 것으로 알려져 있습니다. 그러니까 지방이 많은 고기를 섭취할 때는 아주까리 잎으로 쌈을 싸 먹으면 도움이 되겠죠. 나이가 들수록 효소가 많이 들어 있는 과일과 채소, 발효식품을 적절히 섭취하는 것이 매우 중요하다고 할 수 있습니다.

10장

인체에서 에너지를 가장 많이 사용하는 뇌

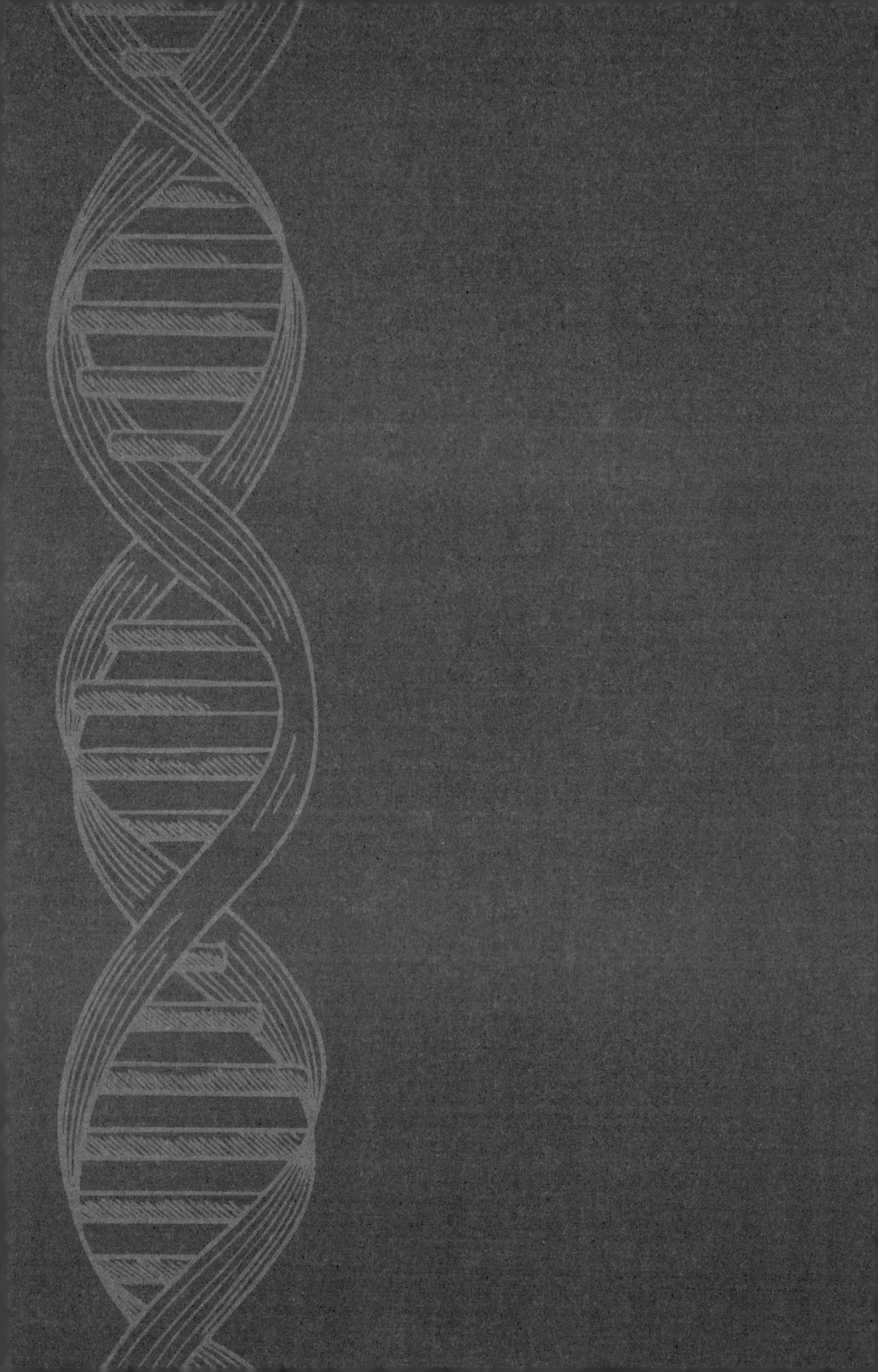

　인류는 다른 생명체와 달리 도구를 사용하고 언어와 문자를 발전시켜 인문학과 과학을 통해 문명을 이루어 번성했습니다. 생물량적 측면에서 보면 식물이 인류보다 압도적으로 많고 동물만 비교해도 개체 수는 곤충이 인류보다 월등히 많지만 지구 전체 생태계 환경에 미치는 영향력은 인류가 독보적인 위치를 차지하고 있죠. 다른 생명체와의 생존경쟁에서도 우위를 점했다고 할 수 있습니다.

　다른 동물들과 인류가 구분되는 가장 큰 신체적 차이점은 직립보행과 큰 두뇌라고 할 수 있습니다. 큰 두뇌를 활용해 도구를 사용하고 언어를 이용해 서로 소통하고 문자를 발전시켰죠. 또 직립보행을 함으로써 더 멀리 갈 수 있었고 사냥이나 채집 범위를 넓혀 생존 기반을 닦았습니다. 하지만 큰 두뇌와 직립보행의 부작용도 있었습니다. 머리 크기는 커지고 직립보행으로 인해 산도가 좁아져 여성들의 출산이 어려워진 것입니다. 그래서 유독 출산 중에 사망하는 사고가 인간사회에서 많이 발생했죠. 그나마 다행인 것은 오늘날은 의술이 발달해 그런 안

타까운 사고를 많이 줄였다는 겁니다.

　진화학자들은 인류의 이러한 특징이 우연의 산물이라고 말합니다. 진화에 유익한 형질, 적응에 유익한 형질 모두 우연히 발현된 것이라는 말이죠. 모든 것이 변하는 지구환경 속에서 우연히 발현한 형질이 생존에 더 유익했고 이 형질이 지속적으로 자손에게 전해짐으로써 인류가 이러한 특징을 가지게 되었다는 것입니다. 목적이나 방향성이 있는 게 아니라 생존에 유리했던 건데 이것이 후손에게 전해지면서 종 전체가 생존하는 데 좀 더 유리해지다보니 인류와 같은 지적생명체가 나타났다는 것이죠.

　인류의 진화 과정을 살펴보면 두뇌의 발달보다 직립보행이 먼저 나타난 것 같습니다. 약 600만 년 전 인류의 뿌리가 되는 종들이 아프리카에서 화석으로 발견되는데 이들은 숲 환경에서 이족보행과 나무타기가 혼재된 생활을 했던 것으로 추정됩니다. 이러한 종들이 출현하게 된 것은 아프리카의 사바나 지형이 큰 영향을 미쳤다는 가설이 오랫동안 학계에서 주목받아 왔죠. 사바나 지형은 나무가 드문드문 있는 평원지대로 초원과 숲의 중간 형태입니다. 울창한 숲보다는 덜 촘촘하지만 완전한 사막이나 초원보다는 나무와 관목이 존재하는 지역입니다. 이러한 지형에서 살아남으려면 나무를 타는 능력이 필요하고 초원 지역에서는 이족보행 능력도 있어야 유리할 수 있습니다. 그리고 대형 초식동물과 육식동물이 공존하는 이러한 지형에서는 시야 확보, 신속한 이동, 무리생활 등이 중요한 생존 전략이라고 할 수 있죠.

　직립보행했는지 여부는 화석의 대퇴골 구조와 발가락 방향으로 판단합니다. 4족 보행을 하는 동물과 2족 보행을 하는 동물은 대퇴골 구조가 다르므로 이를 통해 2족 보행을 했는지 여부를 판단할 수 있습니다. 나무 타기에 유리한 발가락 구조는 엄지발가락이 안쪽 방향을 향해야 합니다. 손으로 뭔가를 쉽게 잡도록 엄지가 안쪽으로 향한 것과 같은 이치죠. 반면 직립보행을 하려면 엄지발가락이 똑바로 앞쪽을 향해야 합니다. 그래야만 안정적으로 오래 걸을 수 있기 때문이죠. 이러한 화석들을 통해 인류의 기원이 되는 종들이 나무 위에서만 살지 않고 땅으로 내려와 걸어 다니면서 수렵한 것으로 추측할 수 있죠.

이러한 생활방식의 변화는 먹이의 변화도 가져왔습니다. 나무 위에서 살면 주로 나무 열매를 먹으면서 생활하지만 땅으로 내려오면서 다른 동물을 사냥하거나 물고기를 잡아먹는 생활로 바뀌기 때문이죠. 그래서 인류의 두뇌발달에는 사바나 지형 옆의 강가나 습지가 중요합니다. 강가나 습지에는 대형 초식동물이나 물고기가 있기 때문입니다. 초기 인류는 나무에서 내려와 사냥과 채집을 통해 동물성 단백질과 지방을 섭취했습니다. 단백질은 근육을 만들어 더 멀리 더 빨리 움직이는 데 도움을 주었고 지방은 탄수화물이나 포도당보다 월등히 많은 에너지를 생성해 지구력을 높이는 데 기여했습니다.

그런데 지방이 에너지 생성에만 도움이 된 것은 아닙니다. 오메가-3 지방산 중 하나인 DHA Docosahexaenoic Acid는 뇌의 기본이 되는 뉴런 세포의 세포막을 형성하는 데 중요한 역할을 하는 물질입니다. 친수성과 소수성 모두를 가진 인지질로 세포막이 구성되기 때문에 인지질 막이라고도 불립니다. DHA가 뉴런 세포의 세포막에만 풍부하게 있는 것은 아닙니다. 망막, 심장, 근육, 간 등 인체 내 여러 조직에 다양하게 있지만 특히 뉴런 세포의 세포막에 많이 있죠.

DHA는 뉴런 간 정보 교환, 뉴런의 말단에 있으면서 뉴런 간 연결 역할을 하는 시냅스 형성, 시냅스 후 구조 안정 등에 관여해 학습력, 기억력, 집중력과 같은 인지 기능에 긍정적인 역할을 합니다. 태아 시기나 유아기에 DHA가 충분히 공급되면 뇌와 신경조직 발달이 원활해집니다. 임신부가 오메가3(특히 DHA)를 충분히 섭취하면 태아의 인지 기능과 시각 발달에 도움이 된다는 연구 결과도 있죠.

뇌의 신경세포인 뉴런은 전기 신호를 이용해 정보를 전달하고 소통합니다. 평소 뉴런은 세포막 안팎의 이온 농도 차이를 유지하는데 일반적으로 세포 안쪽이 바깥쪽보다 전기적으로 약 −70밀리볼트^{mV} 내외의 음(−)의 상태가 됩니다. 이것을 휴지 전위라고 부르고 분극상태라고 합니다. 그런데 뉴런이 외부 자극을 받아 흥분 상태가 되면 막 전위의 급격한 변동이 일어납니다. 세포막에 있는 양이온인 나트륨 이온$^{Na^+}$ 통로가 급격히 열려 막 전위가 양(+)의 방향으로 바뀝니다. 이러한 과정을 탈분극이라고 하는데 탈분극 후에는 양이온인 칼륨$^{K^+}$ 이온 통로가 열려 세포 밖으로 칼륨 이온이 빠져 나가고 전위가 다시 원래값인 음의 값으로 돌아갑니다. 이 과정을 활동 전위^{spike}라고 하죠.

그런데 이러한 전기적 신호를 잘 조절하기 위해서는 전기가 흐르지 않게 하다가 필요할 때 이온 채널을 형성하는 '반 절연체' 같은 기능이 필수적인데 이러한 기능을 하는 것이 인지질 이중층이고 이러한 인지질 이중층을 형성하는 데 중요한 물질이 DHA죠. DHA의 주요 생산자는 미세조류(플랑크톤)이며 이를 먹이로 하는 작은 생물과 어류가 서서히 상위 포식자로 전달되면서 고농도로 축적됩니다. 민물에서 사는 어종도 DHA를 가지고 있지만 바다 생선 특히 등푸른 생선은 해양 먹이사슬을 통해 높은 농도의 DHA를 축적하는 것으로 알려져 있습니다. 연어나 송어 등도 산란을 위해 민물과 바다를 오가며 먹이사슬상 해양플랑크톤이나 작은 해양생물을 섭취하는 기간이 길어 DHA 함량이 높은 것으로 알려져 있죠.

우리 인류의 조상으로 잘 알려진 오스트랄로피테쿠스는 300만~400만 년 전에 살았던, 확실히 직립보행을 한 종으로 알려져 있습니다. 1974년 에티오피아에서 발견된 '루시'라는 화석이 대표적인데 루시라는 이름은 화석 발견 직후 파티에서 비틀즈의 노래 〈Lucy in the Sky with Diamonds〉가 반복되었고, 이에 따라 한 연구원이 이 화석을 루시라고 부르기 시작하면서 화석 이름이 루시로 자연스럽게 정착하게 되었다고 합니다. 이 종은 침팬지와 완전히 갈라진 후 인간(호모 속)으로 진화하기 이전 단계를 보여줍니다. 루시 화석은 키 1.0~1.1미터, 몸무게 25~30킬로그램의 성인 여성으로 추정하고 있으며 뇌 용량은 400~500씨씨로 현대 침팬지와 비슷하거나 좀 더 크지만 골반과 대퇴골(넓적다리뼈), 무릎 관절 구조 등에서 직립보행을 한 특징이 있습니다. 이러한 특징은 숲에서 살던 유인원이 진화해 사바나 지형에서 걸어 다니면서 생활한 초기 인류의 형태를 잘 보여줍니다. 오스트랄로피테쿠스 이후 호모 하빌리스(도구 사용), 호모 에렉투스(불 사용), 호모 하이델베르겐시스, 호모 네안데르탈렌시스(현생 인류와 비슷한 뇌 용량) 등을 거쳐

현생 인류(호모 사피엔스)가 약 30만 년 전 생겨난 것으로 추정합니다.

현생 인류인 호모 사피엔스는 '현명한 인간'이라는 뜻입니다. 말 그대로 지적능력이 뛰어난 종이 탄생한 것이죠. 에너지적 측면에서 볼 때 뛰어난 지적능력을 유지하는 것은 쉽지 않습니다. 지적능력을 발휘하기 위해 작동하는 신경세포의 집합체인 뇌가 많은 양의 에너지를 사용하기 때문입니다. 일반적으로 뇌는 신체 내 다른 장기들에 비해 매우 높은 수준의 에너지를 소비하는 것으로 알려져 있습니다. 뇌는 전체 체중의 약 2퍼센트를 차지하지만 기초대사 에너지의 20퍼센트 내외를 사용합니다. 물론 달리기나 근육운동을 할 때는 단기적으로 신체에서 많은 에너지를 사용하지만 평소에는 뇌가 신체에 비해 월등히 많은 양의 에너지를 사용하죠.

기본적으로 뇌가 이렇게 많은 양의 에너지를 소모하는 것은 뇌가 끊임없이 활동하고 있기 때문입니다. 뇌는 생각하는 역할을 할 뿐만 아니라 몸 전체의 감각, 운동 조절, 생체 항상성 유지 등을 총괄합니다. 이 과정을 위해 뇌에서는 수많은 신경세포(뉴런)와 시냅스(뉴런 간 연결부)가 전기·화학 신호를 빠르게 교환해야 하는데 이때 상당히 많은 에너지가 필요합니다. 뇌가 많은 에너지를 소모하는 주요 이유를 요약해보면 다음과 같습니다.

- **전기 신호(활동 전위) 생성 및 유지**

  뉴런이 전기 신호(활동 전위)를 만들고 전달하려면 신경 세포막을 통해 이온 농도(나트륨, 칼륨 등)를 조절해야 한다. 이를 위해 나트륨-칼륨 펌프 같은 단백질이 끊임없이 ATP(에너지원)를 사용한다.

- **시냅스 활성화**(신경전달 물질 분비 및 재흡수)

뉴런 간 신호 전달을 위해 신경전달 물질(세로토닌, 도파민 등)을 분비하고 다시 흡수하는 과정을 반복한다. 이 모든 과정에서 에너지가 필수적이고 방대한 양의 뉴런 네트워크가 동시에 작동하므로 에너지 소비가 높아진다.

- **기본 생체 기능 조절**

뇌는 심박 수, 호흡, 체온 조절 등 기본적인 생명 유지 기능도 자동으로 관리한다. 몸 상태를 24시간 모니터링하고 미세 조정하기 위해 끊임없이 신경 네트워크가 작동한다.

- **기억 형성 및 유지**

외부 자극을 인지해 처리하고 이를 단기 기억에서 장기 기억으로 옮기는 과정(기억 공고화)도 많은 에너지를 소모한다. 수면 중에도 뇌는 이러한 작업을 수행하므로 휴식 중에도 상당한 에너지를 쓰게 된다.

결국 인간의 뇌는 항상 깨어 있고 몸의 여러 시스템을 지휘하면서 복잡한 신호처리를 수행해야 하므로 높은 에너지 소비가 필연적인 장기입니다. 뇌를 컴퓨터와 자주 비교하는데 컴퓨터는 하드웨어와 소프트웨어가 분리되어 있지만 뇌는 그렇지 않습니다. 하드웨어와 소프트

웨어가 동시에 변하는 구조죠. 즉 우리 뇌는 변할 수 있는 형태로 이를 가소성이라고 하는데 이 가소성이 뇌의 기능에 중요한 역할을 합니다.

우리의 뇌는 정보전달과 처리의 기본 단위인 뉴런으로 이루어져 있는데 뉴런은 세포체, 가지돌기(수상돌기라고도 함), 축삭으로 구성되고 활동 전위라는 전기 신호를 만들어 축삭을 따라 전달합니다. 뉴런의 말단에 있는 시냅스는 뉴런끼리 또는 뉴런과 근육세포가 신호를 주고받는 접합부입니다. 신호가 축삭 말단에 도달하면 신경전달 물질이 분비되어 상대 뉴런의 수용체에 결합함으로써 여러 가지 신호를 전달합니다. 학습과 기억의 핵심 메커니즘은 이 신호 전달 효율과 밀접한 관련이 있으며 이를 시냅스 가소성이라고 합니다. 그런데 학습이나 경험에 따라 뉴런 간 시냅스 연결이 새로 생기거나 없어지는 등 뇌 구조가 부분적으로 변할 수 있습니다. 그리고 이러한 변화는 유년기와 청소년기에 더 크게 일어나죠. 이러한 변화를 뇌의 가소성 중 구조적 가소성이라고 합니다. 그래서 어린 시절의 학습이나 경험이 뇌의 발달에 지대한 영향을 미치는 것으로 보고되고 있습니다. 물론 성인이 되어서도 유년기보다는 적지만 구조적 가소성은 지속적으로 일어나죠. 그리고 이를 위해 인간은 끊임없이 경험하고 학습해야 뇌 건강을 유지할 수 있습니다.

우리의 뇌는 구조만 변하는 것이 아니라 기능을 담당하는 위치도 변합니다. 손상이나 퇴행 등으로 특정 뇌 영역이 기능을 잃으면 다른 가까운 영역이 일부 기능을 대체하거나 보완하기도 하는데 이러한 현상은 뇌 손상 후 회복 과정이나 재활치료 과정에서 확인할 수 있죠. 이러한 뇌 변화를 기능성 가소성이라고 합니다. 노화가 진행되면 뇌 조직이 점점 위축되고 일부 인지기능이 저하될 수 있지만 인지활동, 운동, 사회적 교류, 올바른 영양 등을 통해 노화 속도를 늦추고 뇌 기능을 유지·개선할 수 있다는 연구결과가 지속적으로 발표되고 있습니다.

뇌는 많은 에너지를 사용하며 우리 몸에서 막중한 임무를 수행하지만 다른 세포와 달리 뉴런 세포는 쉽게 교체되지도 않습니다. 우리 몸을 구성하는 세포들은 수명이 다하면 교체되는 특징이 있습니다. 혈액을 구성하는 세포인 적혈구는 평균 4개월 주기로 전부 교체된다고 알려져 있고 백혈구는 그보다 짧아 수명이 수 시간부터 며칠에 불과합니다. 우리의 피부를 구성하는 상피세포도 2~4주 주기로 교체되는 것으로 알려져 있죠. 하지만 뇌를 구성하는 뉴런 세포는 성인이 된 이후 거의 교체되지 않는 것으로 알려져 있습니다. 그러므로 뇌 건강 유지는 생명체의 생존에 정말 중요하죠.

뇌 건강을 위협하는 물질 중에 베타아밀로이드라는 물질이 있습니다. 베타아밀로이드는 아밀로이드 전구 단백질 Amyloid Precursor Protein, APP이 잘려 생기는 단백질 조각으로 이 APP는 뉴런 세포막에 존재하면서 세포 간 정보전달이나 세포 성장 등 여러 과정을 돕는 물질입니다. 평소에도 APP는 체내에서 자연스럽게 만들어지고 기능을 다한 후 분해됩니다. APP는 α, β, γ 세 가지 세크레타아제 효소에 의해 분해되는데 알파-세크레타아제 경로로 분해되면 베타아밀로이드가 만들어지지 않고 비교적 해롭지 않은 조각들로 분해되는 반면 베타-세크레타아제와 감마-세크레타아제에 의해 APP가 절단되면 베타아밀로이드라는 단백질 조각이 생기죠. 베타아밀로이드는 길이(주로 40~42개 아미노산 길이)에 따라 물에 잘 녹지 않는 소수성 성질을 띠며 일부 베타아밀로이드는 더 끈적한 특성이 있어 뭉치기 쉽고 이들이 뇌 안에 축적되면 아밀로이드 플라크 amyloid plaque라는 형태로 쌓입니다.

이러한 플라크가 뇌 조직에 축적되면 신경 세포를 손상시키고 그 결과 알츠하이머병과 같은 신경퇴행성 질환을 일으킬 수 있습니다. 연구에 의하면 유전질환 등에 의한 유전자 돌연변이나 시간이 지나면서 일어나는 자연적 노화, 세포 스트레스 등으로 인해 베타나 감마-세크레타아제 절단 경로가 증가하고 분해나 청소가 잘 이루어지지 않으면 베타아밀로이드가 더 많이 축적된다고 합니다. 유전질환으로 발생하는 아밀로이드 플라크는 병을 치료하는 방법밖에 없지만 노화나 스트레스에 의해 발생하는 아밀로이드 플라크는 건강한 습관으로 줄일 수 있습니다.

아밀로이드 플라크를 줄이는 다른 방법은 잠을 충분히 자는 것입니다. 최근 연구에 따르면 뇌에 있는 글림프 glymphatic 시스템이 수면 중 더 활발히 작동해 베타아밀로이드를 비롯한 대사 노폐물을 제거하는 것으로 보고되었죠. 글림프 시스템은 뇌척수액과 혈관계가 연계된 독특한 배출 메커니즘입니다. 글림프 시스템을 통해 수면 중 뇌세포 사이사이 공간이 확장되면서 이 통로로 척수액이 들어가 베타아밀로이드 등 노폐물을 배출시킨다고 합니다. 특히 깊은 수면 단계에서 이 글림프 시스템이 더 활발히 작동하는 것으로 알려져 있죠.

결론적으로 잠을 충분히 자는 것은 베타아밀로이드와 같은 독성 단백질을 제거하고 뇌 건강을 유지하는 데 중요한 역할을 합니다. 물론 일상에서의 스트레스, 생활 습관, 유전자적 요인 등이 모두 작용하므로 균형 잡힌 식단, 규칙적인 운동, 일정한 수면 패턴을 동시에 관리하는 것이 좋습니다.

뇌의 전염성 질병을 유발하는 단백질, 프리온

전염성 질병은 대부분 세균이나 바이러스에 의해 발생하는 것으로 알려져 있습니다. 그런데 특이하게도 전염성 질병을 유발하는 단백질이 있습니다. 바로 프리온prion이라는 단백질입니다. 단백질이기 때문에 전염병을 유발하는 병원체 중 가장 작습니다. 프리온 단백질보다 큰 병원체인 바이러스는 20~300나노미터 정도의 크기이고 세균(박테리아)은 1~5마이크로미터 정도이며 군체를 형성하는 곰팡이와 기생충은 육안으로 구별 가능할 정도로 큽니다.

프리온은 정상적이지 않은 형태의 3차원 구조를 가진 단백질입니다. 프리온을 섭취하거나 상처 등으로 인해 인체에 들어오면 정상적인 단백질을 정상적이지 않은 형태로 만들어 공간을 차지하고 원래 공간을 차지하고 있던 세포를 죽게 합니다. 예를 들면 원래 알파 나선구조를 가져야 할 단백질이 유전적 변이나 프리온에 의한 감염으로 병풍구조를 가지게 되는 것을 의미합니다. 그러면 정상적으로 알파 나선구조를 가지고 있던 단백질까지 병풍구조를 가지게 되고 이로 인해 단백질이 차지하는 공간이 늘어나 그 공간을 차지하고 있던 세포를 죽이는 것입니다.

이러한 과정은 주로 전염성 해면상 뇌병증으로 알려진 질병을 유발하죠. 해면상 뇌병증은 뇌에 스펀지처럼 다공성 구멍이 생겨 치매 증상을 일으키고 전신경련을 일으키다가 결국 사망하게 되는 무서운 질병입니다. 소의 해면상 뇌병증이 광우병으로 잘 알려져 있죠. 인간 광우병(크로이츠펠트-야콥병)은 광우병에 걸린 소를 섭취해 인간에게도 광우병이 전염된 형태죠. 프리온 단백질에 의해 비정상적으로 형성된 단백질 집합체를 아밀로이드라고 하는데 이러한 아밀로이드는 전염성 질환은 아니지만 알츠하이머, 파킨슨병과 같은 퇴행성 신경질환과도 관련 있는 것으로 알려져 있습니다.

대부분 전염성 질병은 세균이나 바이러스에 의해 발병하기 때문에 지금까지의 대처방안도 백신 개발, 항생제 또는 항바이러스제 개발이었습니다. 하지만 전염성 질병임에도 불구하고 프리온 단백질에 의한 질병은 원래 생체 내에 있던 단백질의 3차원 구조가 변형되어 발생하기 때문에 백신이나 항생제 또는 항바이러스제로 해결할 수 없습니다. 그래서 아직까지 치료법을 찾지 못하고 있는 실정입니다.

인간에게 발병하는 프리온에 의한 전염성 질환으로 크루병이 있는데 크루병은 파푸아뉴기니의 오지에 사는 포레족에게서 발견되었습니다. 크루병도 프리온 단백질에 의해 발병되는 병이고 걸리면 뇌가 스폰지 모양으로 변합니다. 잠복기는 수 년부터 수십 년인데 발병하면 몇 년 살지 못하며 신경세포가 파괴되어 근육이 마비되고 온몸에 경련이 일어나며 근육을 마음대로 움직이지 못해 웃음을 짓는 듯한 모습으로 숨지는 것이 특징이라고 합니다.

크루병의 원인은 포레족의 장례문화로 밝혀졌습니다. 포레족의 장례문화는 독특하면서도 엽기적이었는데 그들은 사람이 죽으면 모계친족 여성들이 죽은 사람의 뇌와 장기를 꺼내 먹었다고 합니다. 이로 인해 프리온에 전염되어 크루병에 걸린 것이죠. 이러한 감염 경로가 미국 의학자 대니얼 가이듀섹에 의해 밝혀졌고 지금은 이런 장례문화가 없어졌다고 합니다. 가이듀섹은 크루병이 '전형적이지 않은 바이러스'에 의한 감염에 의해 발생한다고 생각했지만 이후 이것이 바이러스가 아닌 프리온 단백질에 의한 감염임이 밝혀졌고 크루병의 감염 경로를 밝힌 공로로 1976년 노벨 생리의학상을 수상했습니다.

11장

유전자 조작은 만병통치약이 될 수 있을까?

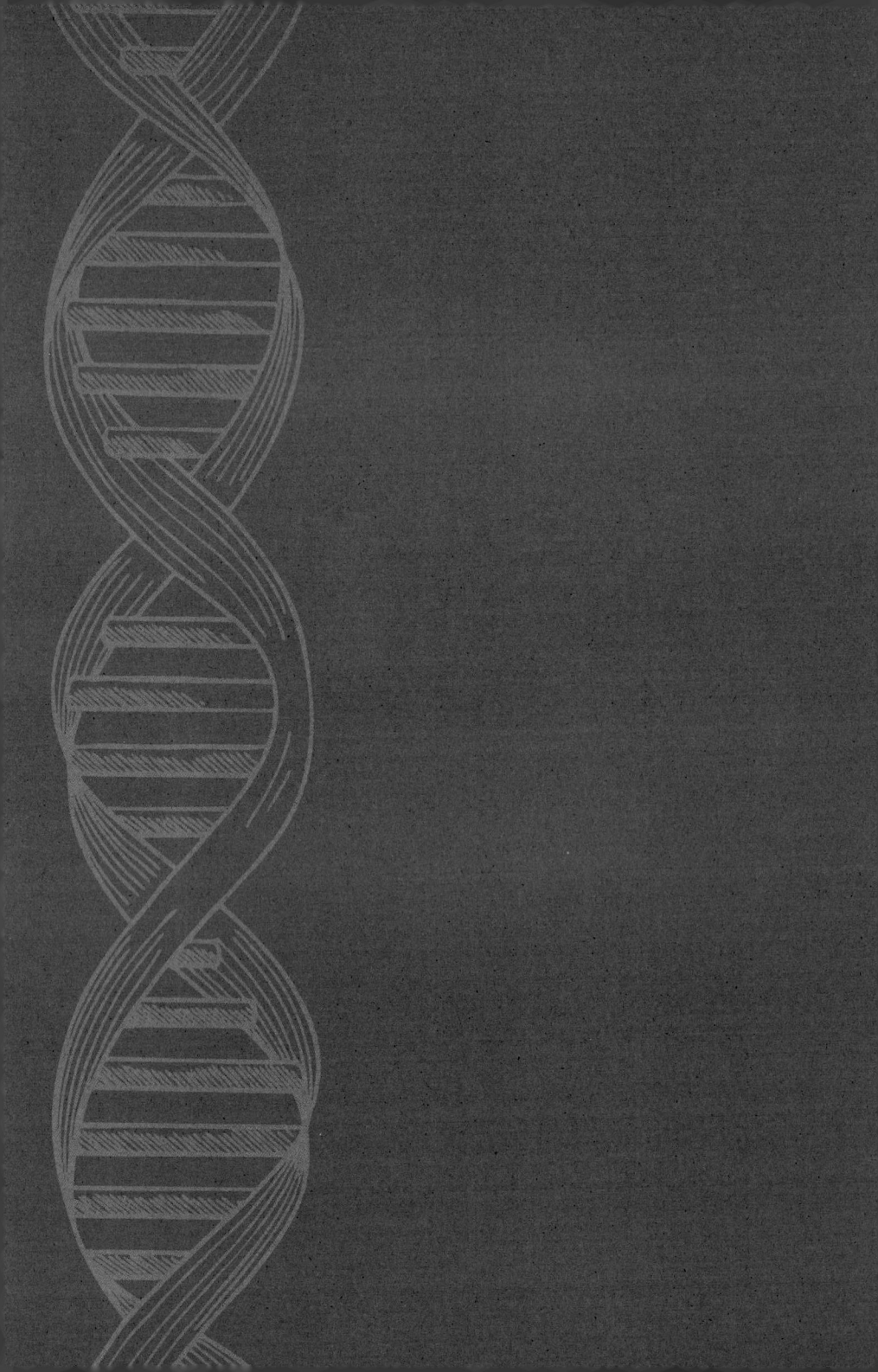

인류 공통의 이익을 위해 국가 간 협력으로 진행되는 국제적 대형 과학 프로젝트가 있습니다. '국제 우주정거장', '대형 강입자 충돌기', '인간 게놈 프로젝트', '국제 열핵융합 실험로' 등이 대표적이죠. 그중 국제 열핵융합 실험로 프로젝트에는 우리나라도 참여 중이며 이로 인해 인공태양 분야에서 세계 최고 수준의 플라즈마 유지시간 기록을 한국이 보유하고 있죠. 대부분의 프로젝트는 현재도 진행 중이며 유일하게 종료된 프로젝트는 인간 게놈 프로젝트입니다.

인간 게놈 프로젝트 Human Genome Project, HGP는 인간의 모든 유전 정보(게놈)의 염기서열을 해독하고 분석하기 위해 수행된 대규모 국제 연구 프로젝트로 1990년 시작해 2003년 완료되었는데 당시 참여국은 미국, 영국, 일본, 프랑스, 독일, 중국 등 여러 나라였습니다. 인간의 세포가 가진 23개 염색체 쌍 중 한 쌍은 성염색체이고 나머지 22개 쌍은 남녀 모두 가지고 있는 상염색체입니다. 염색체는 각각 다른 역할을 하는데 이 모든 염색체의 DNA 염기서열 정보 분석이 이 프로젝트의 목표였습니다. 이 프로젝트를 통해 인간의 모든 DNA 염기서열(약 30억 개 염기쌍)을 읽고 해독해 정확한 염기 배열을 파악했고 20,000~25,000개의 유전자를 확인했으며 전체 유전체 내 유전자의 위치와 기능을 밝히는 지도도 작성했습니다. 그리고 이를 데이터베이스화했죠. 특히 이례적으로 원래 계획했던 2005년보다 2년 빠른 2003년 4월에 프로젝트가 종료된 이유는 자동화된 염기서열 분석기법 덕분이었습니다. 자동화가 가능하게 한 물질 중에 제한효소restriction enzyme라는 물질이 있습니다.

제한효소는 특정 DNA 서열을 인식하고 그 위치에서 DNA를 자를 수 있는 효소입니다. 세균에 의해 처음 발견된 이 효소는 자연에서 세균이 바이러스의 DNA를 분해해 자신을 보호하는 역할을 합니다. 유전자 가위로 유명해진 Cas 단백질과 제한효소는 비슷한 역할을 하는 부분이 있지만 둘은 다른 효소입니다. Cas 단백질은 특정 RNA 가이드에 따라 목표로 하는 DNA 서열을 찾아 절단합니다. 즉 Cas 단백질은 RNA 가이드 서열과 일치하는 DNA 서열을 자르므로 RNA 가이드를 조절해 원하는 DNA를 절단하기 위해 유연하게 사용할 수 있습니다.

반면 제한효소는 특정 DNA 서열을 인식하고 그것만 자르는 효소입니다. 예를 들면 EcoRI라는 제한효소는 염기서열 중 GAATTC 서열을 인식하고 자를 수 있습니다. DNA의 이중나선은 서로 상보적으로 결합합니다. 구아닌G은 사이토신C과 결합을 이루고 티민T은 아데닌A과 결합을 이루죠. 한쪽 가닥이 5'-GAATTC-3'와 같은 염기서열을 갖는다면 반대 가닥은 3'-CTTAAG-5'이어야 합니다. 즉 반대 가닥을 거꾸로 읽으면 GAATTC가 되죠. 이렇게 한 가닥의 서열이 다른 가닥에서 반대 방향으로 읽히면서 동일한 염기 순서를 이루는 구조를 대칭성 구조(회문 구조)라고 하는데 EcoRI 효소는 이 GAATTC 배열을 인식하고 G와 A 사이를 절단합니다. 이렇게 절단하고 나면 AATT 서열이 남는데 이 서열은 끈끈한 말단이 되어 다른 DNA 조각과 상보적으로 결합할 수 있어 재조합 DNA 기술에서 유용하게 쓰입니다. 재조합 DNA 기술은 유전자를 분리·조합해 새로운 유전자를 만드는 생명공학 기술입니다. 제한효소가 잘라낸 특정 염기서열을 벡터라는 운반체를 통해 대장균과 같은 미생물에 삽입하면 같은 염기서열을 가진 DNA 조각이 대량 복제되므로 수많은 DNA 샘플을 확보해 다양한 실험과 염기서열 분석을 진행할 수 있습니다.

염기서열 분석은 생어 염기서열 분석법 Sanger sequencing을 통해 진행됩니다. 생어 염기서열 분석법은 개발자인 프레데릭 생어 Frederick Sanger의 이름을 따 명명한 분석법으로 핵산에 형광표지를 붙이고 레이저를 통해 형광 신호를 감지하여 각 염기를 구별하는 방법입니다. 인간 게놈 프로젝트를 진행할 때만 해도 이러한 기술로 인간의 염기서열을 모두 분석하는 데 30억 달러(약 4조 3,000억 원)라는 엄청난 비용이 소요된 것으로 알려져 있지만 자동화 기술이 발전하고 관련 기업 간 경쟁이 치열해지면서 현재 개인의 염기서열을 분석하는 데는 약 1,000달러(약 145만 원)밖에 들지 않습니다. 시간도 별로 오래 걸리지 않죠. 최근에는 하루 이틀이면 개인의 전체 유전체 염기서열 분석이 가능합니다.

이렇게 비용과 시간이 절감되면서 많은 동물의 유전 정보가 이미 분석되어 있습니다. 인간과 동물의 유전 정보를 비교하면 유전자 측면에서 상당히 유사합니다. 예를 들어 인간과 가장 비슷한 유인원 중에서 침팬지와 보노보는 인간과 유전자를 99퍼센트 공유하는 것으로 알려져 있습니다. 1퍼센트의 유전자만 다른 것이죠. 돼지와 인간도 98퍼센트의 유전자를 공유하고 있습니다. 이러한 이유로 돼지는 해부학적 구조나 생리적 특성이 인간과 매우 비슷하고 심장, 간, 신장 등 장기의 크기와 기능도 비슷해 의학 연구 특히 장기 이식 연구에서 중요한 모델로 활용되고 있죠. 돼지 장기를 인간에게 이식하는 이종이식 연구도 활발히 진행 중이며 돼지를 통해 인체 질환의 치료법이나 약물 효과를 연구하는 경우도 많습니다. 최근 기사를 찾아보면 돼지의 장기를 뇌사자에게 성공적으로 이식했다는 기사들이 있습니다. 그만큼 돼지와 인간의 유전적 유사도가 높은 것이죠.

그러면 이러한 유전자 정보를 통해 유전자 조작도 가능할까요? 후천성면역결핍증 Acquired Immune Deficiency Syndrome, AIDS 일명 에이즈는 유명인들이 걸려 일반인들에게도 잘 알려진 병입니다. 엄청난 인기를 누리던 영국 록밴드 '퀸'의 보컬인 프레디 머큐리가 1991년 이 병으로 사망하면서 많은 사람에게 충격을 주었죠. 이후 미국 NBA 프로농구 스타 매직 존슨이 에이즈 양성판정을 받고 에이즈에 대한 경각심과 함께 예방 교육 활동을 펼쳐 대중도 이 병의 위험성을 인식하게 되었습니다.

에이즈에 걸리는 이유는 HIV Human Immunodeficiency Virus 감염 때문입니다. 이 바이러스에 감염되면 시간이 지나면서 면역체계가 약화되어 심각하지 않은 질병인 감기에도 심한 고통을 받습니다. 면역체계가 약화되는 이유는 HIV 바이러스가 면역세포의 자가사멸을 유도하기 때문이죠. HIV에 감염되면 이 바이러스가 면역세포 내부로 들어가 복제되면서 세포의 스트레스 반응을 활성화해 면역세포의 자가사멸이 진행됩니다. 면역세포가 죽기 때문에 면역력이 저하되는 것이죠. 그래서 일반적인 면역을 가진 사람이라면 일주일이면 낫는 감기에도 에이즈 환자는 면역체계가 작동하지 않아 더 심각한 폐렴이나 결핵으로 이어져 결국 사망할 확률이 높습니다.

과학자들은 에이즈가 아프리카 중서부 지역에서 유인원의 바이러스가 인간에게 전파되면서 발생한 것으로 추정하고 있습니다. 그래서 아프리카에서 에이즈 감염환자가 많이 발생했죠. 그런데 일부 아프리카 지역에 사는 일부 사람은 에이즈에 걸리지 않는다는 것이 확인되자 그 원인을 찾다가 인간의 유전자 중 하나인 CCR5 유전자에 돌연변이가 생기면 HIV에 대한 저항성이 있다는 것을 알아냈습니다. CCR5는 HIV가 세포 내로 들어오도록 도와주는 단백질을 합성하는데 CCR5 유전자에 변이가 생기면 이 단백질을 만들지 않아 HIV에 대한 저항성이 생기고 에이즈에 걸리지 않는 것이죠.

그렇다면 CCR5 유전자를 인공적으로 변형시켜 비활성화하면 에이즈 예방이 가능하겠죠. 실제로 이 작업을 한 과학자가 있습니다. 홍콩과 가까운 중국 선전시 남방과기대 南方科技大에 근무하던 허젠쿠이 賀建奎는 2018년 11월 세계 최초로 유전자 가위를 사용해 유전자를 교정한 맞춤 아기 탄생을 발표했습니다. 맞춤 아기는 에이즈(HIV 바이러스)에 대한 면역력을 가지도록 유전자 편집을 했습니다. 이후 2018년 세계적으로 유명한 과학 학술지《네이처》에서 그를 '올해의 10대 인물'로 선정했지만 인간의 유전자를 변형시키는 것은 예상치 못한 여러 가지 문제를 일으킬 수 있고 인간을 실험 대상으로 삼는다는 윤리적 문제까지 일으켜 전 세계적인 논란과 비난을 불렀습니다. 그는 인간 배아의 유전자 조작을 불법적으로 저지른 혐의로 결국 중국에서 3년형에 처해져 2019년 수감되었다가 2022년 석방되었죠.

그렇다면 허젠쿠이는 인간의 유전자를 어떻게 편집했을까요? 유전자 편집기술은 세균(박테리아)의 면역시스템에서 유래했습니다. 앞에서도 나오는 박테리오파지라는 바이러스는 세균에 침투해 자신의 DNA를 세균의 DNA와 대체해 세균을 죽이고 대신해 살아가는 특이한 미생물입니다. 이러한 바이러스에 대처하기 위해 세균도 나름의 면역체계를 가지고 있는데 이 면역시스템의 과정도 매우 특이하죠.

우선 바이러스가 세균을 공격해 DNA를 주입하면 세균은 그 DNA의 일부를 잘라냅니다. 그리고 잘라낸 바이러스 DNA 조각을 세균의 DNA 내에 있는 CRISPR 배열에 삽입합니다. CRISPR는 Clustered Regularly Interspaced Short Palindromic Repeats의 약자로 '대칭적으로 짧게 반복되는 군집형 규칙적 간격'이라는 뜻입니다. CRISPR는 텔로미어와 마찬가지로 특정 기능을 가진 유전자는 아니지만, 반복되는 코드를 가지고 있으며 바이러스에서 잘라낸 DNA 조각을 저장할 수 있는 공간입니다. 이렇게 해서 세균은 박테리오파지의 특정 DNA 조각을 CRISPR에 저장함으로써 박테리오파지를 기억합니다. 그리고 같은 박테리오파지 바이러스가 침투하면 저장된 특정 DNA 조각 정보를 기반으로 가이드 RNA를 생성해 바이러스를 인식하고 Cas 단백질을 사용해 바이러스 DNA를 절단하고 방어하는 것이죠. Cas 단백질은 CRISPR 관련 단백질 CRISPR-associated protein 이라는 뜻으로 DNA나 RNA의 특정 부위를 절단하는 단백질입니다.

바이러스에 대한 세균의 이러한 면역시스템을 이용해 개발한 단백질 편집기술이, CRISPR 배열과 이와 관련된 단백질인 Cas 단백질을 이용한 편집기술이므로 이 둘을 합쳐 CRISPR-Cas 유전자 편집기술이라고 부릅니다. 특히 Cas9 단백질이 주로 사용되므로 CRISPR-Cas9 유전자 편집기술이라고도 부르죠. 1970년대부터 유전자를 변형하는 다양한 유전자 편집기술이 연구되어 '아연 손가락 뉴클리아제 Zinc Finger Nucleases'와 같은 방법들이 개발되었지만 설계와 사용이 복잡해 많은 비용이 든다는 문제점이 있었습니다. 그러다 2010년대 초 CRISPR-Cas 유전자 편집기술이 개발되면서 혁신적으로 발전했죠. 허젠쿠이가 인간의 유전자를 편집한 기술도 CRISPR-Cas 유전자 편집기술이었습니다. CRISPR-Cas 유전자 편집기술을 개발한 프랑스 과학자 에마뉘엘 샤르팡티에 Emmanuelle Charpentier 와 미국의 제니퍼 다우드나 Jennifer Doudna 는 이러한 연구업적으로 2020년 노벨화학상을 수상했습니다.

개발된 지 얼마 안 된 기술이지만 이들이 개발한 CRISPR-Cas 유전자 편집기술은 매우 다양한 분야에서 쓰이고 있습니다. 유전자 변형 때문에 적혈구 모양이 둥글지 않고 낫 모양이 되는 낫 모양 적혈구 빈혈증과 같은 유전병의 치료나 감염병 진단과 예방에도 쓰입니다. 코로나19가 인류를 위협할 당시 펑장 Feng Zhang 연구팀은 셜록 SHERLOCK이라는 CRISPR-Cas13 기반 진단 기술을 개발해 Cas13이 바이러스의 RNA를 인식하고 절단하는 특성을 이용해 코로나19를 신속하고 정확히 진단할 수 있게 했죠. 이 진단법은 기존 PCR 검사와 달리 간단하고 신속히 수행할 수 있어 코로나19 초기 진단과 감염 확산 통제에 기여했습니다.

CRISPR-Cas 유전자 편집기술은 특히 식량 생산을 위한 농업 분야에서 많은 연구가 진행 중입니다. 허젠쿠이가 사용한 방법처럼 특정 병충해에 대한 저항성을 가지도록 유전자를 편집하면 곡물의 병충해를 막고 생산성을 올릴 수 있죠. 가축에서도 같은 연구들이 동시다발적으로 진행 중입니다. 하지만 이러한 연구들이 문제를 일으킬 가능성도 적지 않죠. 이러한 문제들은 가축의 유전적 획일화에 의해 이미 발생하고 있습니다.

가축의 유전적 획일성이란 특정 가축 집단(품종 또는 계통) 내 개체들 사이에서 유전적으로 매우 비슷하거나 같은 특성을 가지는 정도가 높아지는 현상을 말합니다. 주로 생산성 향상(육질, 산유량, 성장 속도 등)이나 특정 외모를 극대화하기 위해 인위적인 선택 교배를 거치면서 가축 집단의 유전적 다양성이 낮아집니다. 이러한 유전적 획일성은 가축 산업 측면에서 여러 가지 이점이 있지만 심각한 문제도 안고 있습니다.

가축이 유전적으로 획일화되면 질병 취약성이 높아집니다. 유전적으로 비슷해 같은 질병에 노출되면 모두 병에 걸리고 집단 폐사하는 것이죠. 전염성이 있는 질병이라면 한 농가에서의 집단 폐사로만 끝나지 않고 다른 농가로도 전염되어 넓은 지역의 가축이 동시에 사라질 수도 있습니다. 그래서 요즘 가축에 전염병이 돌면 미리 살처분해 다른 농가로의 전염을 막는 조치를 취하는데 멀쩡히 살아 있는 생명체를 집단으로 죽이는 것이어서 윤리적으로 문제가 되고 비용이나 인력도 만만찮게 소요됩니다. 환경변화 적응력도 저하될 수 있습니다. 지구 환경은 끊임없이 변하므로 적응하는 것이 생존에 매우 중요한데 유전적으로 비슷한 개체들만 존재하면 특정 변화가 발생했을 때 적응력이 떨어져 모두 멸종할 수 있습니다. 또한 근친교배가 반복되면 유전적 결함, 번식 능력 저하, 기형 발생 등 문제가 커질 수 있습니다.

 이러한 문제는 가축에서만 특정되어 적용되는 것은 아닙니다. 만약 미래 유전자 편집기술이 발전해 인류가 병에 걸리지도 않고 신체 능력도 뛰어난 유전자 갖기를 희망해 좋은 유전자만 골라 편집한다면, 즉 슈퍼맨을 2세로 갖는다면 어떤 문제가 발생할지 아무도 모릅니다. 좋은 유전자만 편집하면 당연히 유전자 다양성에 문제가 생길 수 있습니다. 획일화된 유전자를 가진 사람들이 늘어나면 모두 비슷한 외모와 비슷한 지적능력, 비슷한 운동 능력을 가지게 될지도 모릅니다. 그런 일이 발생하면 가축에서 일어난 일이 인류에게도 일어날 수 있죠. 병에 걸린 사람들을 치유할 목적으로 유전자 편집기술을 사용하는 것은 물론 좋은 일이지만 모든 일에는 동전의 양면처럼 좋은 면이 있으면 나쁜 면도 있습니다. 유전자 편집기술이 인류가 활용할 수 있는 기술인 것은 분명하지만 불을 다루듯이 매우 조심해 다루어야 합니다.

일부다처제의 고릴라, 다부다처제의 침팬지

영장류 중에서 꼬리가 없고 지능이 뛰어난 종류를 유인원이라고 합니다. 유인원에는 고릴라, 침팬지, 보노보, 오랑우탄 등이 있습니다. 그중 오랑우탄은 거의 무리를 짓지 않고 단독생활을 하지만 나머지 동물들은 무리지어 생활하죠. 무리생활을 하면 무리를 이끄는 우두머리가 있게 마련입니다. 고릴라와 침팬지 무리의 우두머리는 수컷입니다. 보노보의 경우에는 암컷이 우두머리죠.

수컷이 우두머리인 것은 같지만 고릴라와 침팬지의 무리생활은 상당히 다릅니다. 고릴라의 경우 수컷은 12~13세 정도 되면 등 윗쪽에 은빛 털이 납니다. 그래서 성숙한 고릴라를 실버백이라고 부르죠. 이렇게 성숙한 수컷 고릴라 중에서 서열경쟁을 통해 우두머리 자리를 차지하는 고릴라를 알파실버백이라고 하는데 알파실버백은 포식자나 다른 수컷 고릴라로부터 무리를 보호하고 무리 내 질서유지 역할을 맡습니다. 그리고 대부분의 번식 기회도 독점합니다. 즉 암컷들과의 짝짓기를 혼자 독점하는 것이죠. 그래서 고릴라의 경우, 일부다처제라고 할 수 있습니다. 이러한 체계는 암컷들의 동의가 없으면 유지할 수 없습니다. 몸집이 크고 힘이 센 고릴라의 유전자를 2세에게 전달하고 싶은 암컷들의 욕구와 암컷들과의 짝짓기를 독점하고 싶은 수컷의 욕구가 맞아 떨어져 이러한 체계가 형성되었다고 할 수 있죠.

하지만 암컷과의 짝짓기 기회를 박탈당한 다른 수컷들은 호시탐탐 알파실버백 자리를 노립니다. 우두머리 자리를 유지하려면 알파실버백은 다른 수컷들을 힘으로 제압할 수 있어야 하죠. 그래서 수컷 고릴라는 점점 더 몸집이 크고 힘이 센 쪽으로 진화했습니다. 이러한 이유로 고릴라를 주제로 한 영화나 만화에서 고릴라는 주로 몸집이 크고 힘이 센 역할로 나옵니다. 대표적인 영화로 <킹콩>이 있고 우리나라 영화 중에서

<미스터 고>도 그러한 영화 중 하나죠.

같은 수컷이 우두머리 역할을 하지만 침팬지 무리에서의 우두머리는 암컷을 독점하지 않습니다. 침팬지 사회도 수컷 중심의 계급적 사회구조인 것은 고릴라 사회와 같지만 보통 5~10마리 규모의 고릴라 집단과 비교해 훨씬 많은 30~100마리 집단을 형성하는 침팬지 무리를 이끌기 위해서는 신체적인 힘보다 사회적 지능이 더 중요합니다. 침팬지 우두머리는 다른 수컷들의 지지가 있어야만 우두머리 자리를 유지할 수 있기 때문에 다른 수컷들과의 동맹을 맺고 그에 따른 보상을 하며 때로는 협박으로 그 무리의 질서를 유지합니다. 암컷도 혼자 독점하지 않죠. 그래서 침팬지는 여러 수컷과 여러 암컷이 서로 교미하는 짝짓기 체계를 가지고 있습니다. 이러한 체계를 다부다처제라고 하죠.

침팬지의 다부다처제는 고릴라의 일부다처제보다 우두머리가 되기 위한 경쟁이 치열하지 않습니다. 사회구성원 모두 짝짓기하고 2세를 가질 기회가 있기 때문이죠. 하지만 큰 문제점이 하나 있습니다. 다부다처제의 경우 태어난 새끼의 엄마는 알 수 있지만 아빠는 알 수 없다는 것이죠. 그래서 수컷 침팬지들은 새끼들을 적극적으로 보살피지 않습니다. 자신의 새끼인지 알 수 없으니까요. 침팬지보다 훨씬 큰 집단사회를 형성하는 인류는 이러한 일부다처제와 다부다처제의 문제점을 해결하는 방식으로 일부일처제 체계를 구축했는지 모르겠습니다.

12장

궁극적으로 인간의 수명을 늘릴 수 있을까?

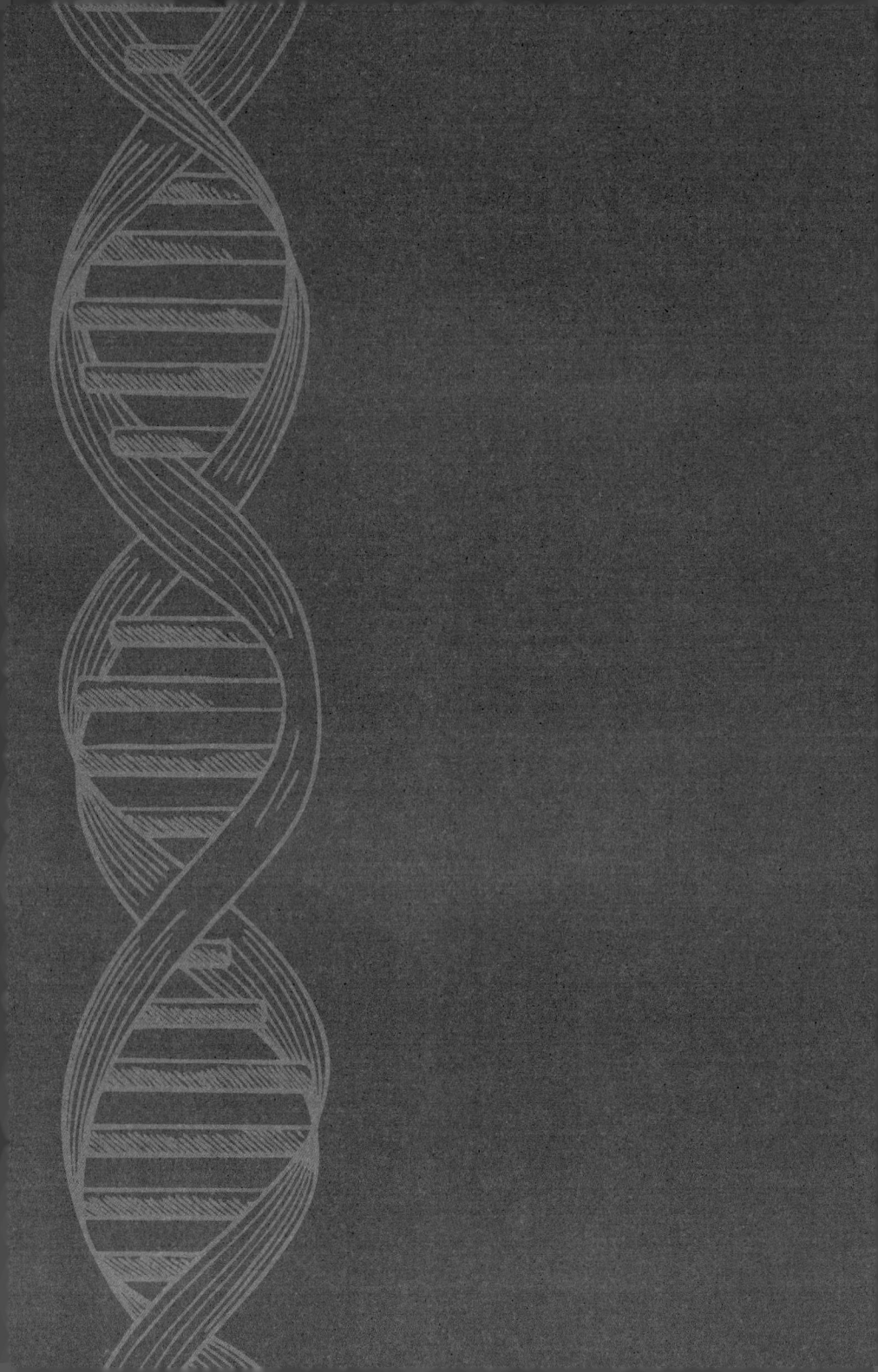

생명체가 생존하는 방식은 생명체 자체가 생존하는 것과 생명체의 후손을 남기는 것 두 가지로 나눌 수 있습니다. 찰스 다윈은 자신의 저서 《종의 기원》에서 자연선택설과 성선택설로 생명체의 생존과 종의 다양성을 설명했는데 자연선택설은 생명체가 생존하는 방식과 관련 있고 성선택설은 생명체가 후손을 남기는 방식과 관련 있습니다. 다윈이 공작새를 통해 성선택설 개념을 도입한 일화는 유명하죠. 다윈은 자연선택설을 통해 생물이 환경에 적응하면서 점진적으로 진화한다고 설명했지만 자연선택설로는 설명할 수 없는 종들이 있었고 그러한 종들의 대표적인 예가 바로 지나치게 크고 화려한 꼬리를 가진 수컷 공작새였습니다. 화려한 꼬리를 가지고 있으면 천적에게 더 잘 들키고 도망치기도 어려운데 어떻게 이런 종이 아직도 살아남았는지 자연선택설로는 설명할 수 없었던 거죠. 고민하던 다윈은 그 해답을 이성을 통한 번식에서 찾았습니다. 암컷 공작이 화려한 외모의 수컷 공작을 더 선호해 화려한 꼬리를 가진 수컷 공작새가 짝짓기할 기회를 더 많이 얻음으로써 자신의 더 많은 유전자를 후손으로 남겨 번성할 기회를 얻었던 것입니다.

인류도 마찬가지로 현대화되기 이전 사람들은 자식을 많이 낳는 경향이 있었습니다. 예전에는 의료기술이 발달하지 않아 영유아 사망률이 높아 생존율이 낮았기 때문에 이를 보상하기 위해 아이를 많이 낳았고 자녀가 자라 성인이 되면 부모를 부양할 것을 기대해 많이 낳기도 했습니다. 농경사회를 이루면서는 노동력이 많이 필요했기 때문에도 자식을 많이 낳았습니다. 그런데 최근 이러한 경향이 변하고 있습니다. 많은 사람이 결혼을 필수가 아닌 선택으로 생각하고 결혼해도 자식을 많이 낳지 않게 되었습니다. 심지어 2세를 갖지 않는 것을 전제로 결혼하는 딩크족Double Income, No Kid, DINK이라는 신조어까지 생겼습니다. 딩크족은 부부가 각자 경제생활을 하면서 아이는 갖지 않는 사람들을 말합니다. 각자 경제생활을 영위하니 소득은 안정적이지만 아이가 없으니 시간적·경제적으로 여유 있는 삶을 살 수 있죠.

왜 이러한 생각의 변화가 생겼을까요? 아이를 낳는 것은 부모 입장에서는 시간과 비용이 많이 드는 일입니다. 낳아 키우는 과정에서 노력이 들지만 교육비 등의 지출도 만만치 않죠. 그리고 아이를 낳으면 장시간 돌보아야 하므로 부모의 시간도 많이 투자해야 합니다. 물론 사회적 변화도 무시할 수 없습니다. 농경사회 때의 대가족 문화에서 현대사회의 핵가족 문화로 변화되면서 가족의 가치관이 많이 바뀌었기 때문이죠. 그런데 이러한 이유보다 근본적인 이유가 있다고 생각됩니다. 바로 인간의 수명 자체가 지속적으로 증가하기 때문입니다. 인간의 평균수명은 19세기 산업혁명 이전만 해도 30~40세였지만 산업혁명 이후 항생제를 비롯한 약이 개발되고 의학이 발달하면서 계속 증가해 현재는 약 70세입니다. 우리나라는 세계평균보다 약간 높아 남자는 83세, 여자는 86세입니다. 이렇게 인간의 수명이 늘면서 생존 방식도 후세를 낳아 생존하는 간접 방식보다 자신의 생존 기간을 늘리는 방식을 더 선호하는 직접 생존 경향으로 진행되었을 수 있습니다. 자신이 오랫동안 생존하면 굳이 후손을 남기는 간접 생존의 필요성이 덜하죠. 그리고 이러한 개념 변화에 과학기술이 영향을 미쳤을 겁니다. 지금 세계는 인공지능을 필두로 4차산업혁명이 진행 중입니다. 19세기 산업혁명으로 인간의 수명이 크게 늘었듯이 4차산업혁명으로 인간의 수명이 또다시 크게 늘어날 수 있는 것이죠.

18세기 산업혁명으로 인류는 육체적 노동으로부터 상당히 자유로워졌습니다. 기계가 인간의 노동력을 대신했기 때문이죠. 최근 4차산업혁명이 진행되면서 인류는 정신적 노동에서도 기계의 도움을 받기 시작했습니다. 최근 인공지능은 그림을 대신 그려주고 저장된 사람 목소리를 바탕으로 그 사람과 비슷한 목소리로 언어를 구사할 수 있으며 특정 가수의 목소리와 비슷하게 노래도 부릅니다. 그리고 이러한 기술 발전 속도는 시간이 지나면 더 가속화될 것으로 예상됩니다.

'가속화'라고 표현한 이유가 있습니다. 인공지능의 발전 속도는 인류의 발전 속도와 다르기 때문입니다. 예를 들어 고등 포유류의 뇌는 10만 년마다 1세제곱인치씩 커진 반면 컴퓨터의 연산능력은 1년마다 약 2배씩 늘고 있기 때문입니다. 컴퓨터의 연산능력 향상은 '무어의 법칙'으로 잘 알려져 있습니다. 인텔사의 공동창업자 고든 무어가 1965년 예측한 법칙으로 컴퓨터의 연산능력에 해당하는 마이크로프로세서에 들어가는 집적회로의 트랜지스터 수가 2년마다 약 두 배씩 늘어 컴퓨팅 파워가 크게 향상된다는 것입니다. 이후 그 속도가 점점 더 빨라져 지금은 1년에 약 두 배씩 늘고 있죠. 무어의 법칙은 현재를 사는 우리가 실감하고 있습니다. 예전에는 빌딩을 하나씩 차지하던 컴퓨터가 책상을 차지하는 수준으로 작아졌고 지금은 손바닥보다 작은 스마트폰의 연산능력이 예전에 비할 바가 아닐 정도로 빨라졌습니다.

더 중요한 것은 정보공유 능력입니다. 정보를 공유할 수 없었던 예전의 인류가 지식을 공유하는 방법은 교육이었습니다. 즉 한 세대가 배운 지식을 다음 세대에게 넘겨주려면 20~30년이 걸렸지만 기계 지능은 지식을 공유하는 데 그렇게 많은 시간이 필요하지 않습니다. 물론 기계학습도 학습하는 데는 시간이 필요하지만 인간의 교육처럼 시간이 그렇게 필요하지 않다는 것이죠. 단적인 예가 알파고입니다. 인류가 프로바둑 기사 이세돌 9단 수준으로 바둑을 두기까지 바둑이 발명된 이후 약 2,500년이라는 시간이 필요했지만 알파고는 인공지능 개념이 시작된 1950년대를 기준으로 해도 70년 만에 최고수 이세돌 9단을 이기는 수준의 실력을 쌓았습니다.

몇몇 미래학자들은 이러한 지수함수적 컴퓨터 연산능력의 향상과 인공지능 기술의 발달로 특이점이 올 것으로 예상합니다. 특이점 이론 Singularity Theory은 기술 발전이 가속화되어 인공지능이나 기술이 인간의 능력을 초월하는 시점인 '기술적 특이점'이 도래할 것이라는 개념입니다. 레이 커즈와일 Ray Kurzweil이 이 개념을 대중화했고 미래학자들과 일부 학자가 이 이론에 관심을 갖고 연구 중입니다. 아직은 논란이 많고 보편적으로 받아들이지는 않고 있지만 기술적 특이점이 올 확률도 없지는 않습니다. 미래는 아무도 알 수 없으니까요.

미래학자 레이 커즈와일이 예측한 미래 사회는 이렇습니다. 특이점이 오면 1,000달러짜리, 우리 돈으로 약 140만 원짜리 컴퓨터의 연산 능력이 지구상 모든 인간의 뇌를 합친 연산능력보다 빠를 것이고 나노 로봇 등을 이용한 의학 발전과 노화 예방 생명공학의 발전에 따라 인간이 더 이상 늙지 않고 심지어 죽지도 않는 인간이 생겨나는 것도 가능할 수 있습니다. 또한 첨단 인공지능 시스템이 인간의 지능을 향상시키고 기계와 인간이 융합해 인간-기계 하이브리드 문명이 새로운 시대를 만들 것으로 예상합니다. 먼 미래도 아닙니다. 커즈와일은 특이점이 도래하는 시점을 2045년 무렵으로 예측합니다.

인간-기계 하이브리드 문명, 일명 사이보그 시대는 이미 시작했는지도 모릅니다. 사이보그 Cyborg는 Cybernetic Organism의 약자로 인간과 기계가 결합한 생명체를 말합니다. 인간의 생체조직과 기계 기술이 융합되어 인간의 신체 기능을 보완하거나 인간의 능력을 확장한 존재죠. 지금까지는 장애가 있는 인간의 신체 기능을 보완하는 형태로 발전하고 있습니다. 예를 들어 의수(로봇 팔)나 의족(로봇 다리), 인공 망막(눈 대체), 인공 와우(귀 대체), 인공 심장 등이 있습니다. 이러한 사이보그 기술의 기반이 되는 기술은 인간과 기계가 상호작용할 수 있도록 만드는 인간-기계 인터페이스 Man-Machine Interface, MMI 기술인데 이 MMI

기술은 물리적 버튼, 터치스크린, 음성인식, 생체 신경-기계 인터페이스 순으로 발전하고 있죠. 생체 신경-기계 인터페이스 기술이 적용되어야 사이보그라고 할 수 있습니다. 이것은 인간의 신경과 기계가 신호를 서로 주고받아 상호작용이 가능한 상태입니다.

이러한 기술을 주도하는 과학자 중 한 명이 MIT 교수 휴 허 Hugh Herr 입니다. 휴 허의 인생 스토리는 마치 영화 같습니다. 8살 때부터 암벽등반을 시작해 17세 어린 나이에 미국에서 가장 뛰어난 등반가 중 한 명으로 평가받았지만 암벽등반 도중 눈보라에 갇히는 바람에 다리에 심각한 동상을 입어 결국 양쪽 다리를 절단하는 수술을 받았습니다. 다리에 영구적 장애가 생긴 것이죠. 하지만 이러한 시련에 굴하지 않고 자신이 직접 디자인한 의족을 착용해 다시 암벽등반을 시도했습니다. 그는 기존 의족보다 가볍고 강한 그립 파워를 가지고 자신의 원래 다리보다 길게 만들어 더 먼 곳을 딛게 설계했죠. 그리고 마침내 장애가 없었을 때보다 더 빨리 암벽등반에 성공했습니다.

그는 여기서 그치지 않고 기계공학과 생물물리학을 전공해 박사학위를 취득하고 MIT 교수가 되어 바이오메카트로닉스 연구팀(사이보그 연구팀)을 이끌며 착용 가능한 로봇 특히 전자 의족과 같은 웨어러블 로봇 연구를 진행하고 있습니다. 그는 이러한 연구를 통해 자신은 물론 자신처럼 다리에 장애를 가진 사람들이 다시 자연스럽게 걷거나 뛸 수 있게 만들었습니다. 우리가 다리를 움직이려면 뇌에서 보내는 신호가 우리 몸의 중심에 있는 중추신경계를 통해 다리까지 전달되고 이 신호가 다리 근육에 신호를 주면 다리 근육이 수축하거나 이완되면서 움직입니다. 휴 허는 의족에 마이크로 센서를 탑재해 절단된 다리에서 발생하는 미세 신호를 감지하고 이를 의족의 움직임에 반영해 의족이 자연스럽게 걷거나 뛰도록 만들었습니다. 이러한 의족에는 배터리가 적용되어 기계적으로 움직이는 것이 가능합니다. 하지만 이러한 최첨단 의족 시스템을 착용했더라도 사이보그라고 할 수는 없습니다. 의족이 절단된 다리로부터 신호를 받아 움직이지만 의족으로부터 신호를 받아 뇌에 전달하지는 않기 때문이죠. 사이보그가 되려면 양방향 신호전달(소통)이 가능해야 합니다. 예를 들어 의족의 발바닥에 붙은 센서가 땅을 디디면서 감지한 신호를 뇌에 전달해 주어야 하죠.

 최근 휴 허의 연구는 장애인이 사이보그가 될 수 있도록 인간의 신경 체계와 양방향으로 직접 소통하는 로봇 의족을 개발하는 데 중점을 두고 있고 일부는 실현되었습니다. 우리 몸에서 움직임을 만들 때 근육은 항상 쌍으로 작용합니다. 한쪽 근육이 수축하면서 움직임을 유발하면 반대쪽 근육이 이완하면서 균형을 맞추는데, 움직임을 유발하는 근육을 주동근, 균형을 맞추어주는 근육을 길항근이라고 합니다. 이러한 주동근과 길항근이 움직일 때 근육 힘줄 안에 있는 센서들이 길이, 움직이는 속도, 힘 등을 감지해 신호를 뇌에 전달합니다. 이러한 신호를 통해 우리는 근육의 위치와 움직임 등에 대한 감각을 얻는 것이죠. 휴 허 연구팀은 이러한 신호를 인공전극을 통해 뇌에 전달할 수 있도록 다리에 문제가 생겨 절단 수술을 받는 환자의 남은 다리에 서로 대항하는 주동근과 길항근의 절단면을 연결하고 인공전극을 삽입했습니다. 그리고 의족을 만들 때 이 인공전극에 의족의 움직임을 신호화해 전달해 줄 수 있도록 설계했죠.

 이러한 수술과 의족착용으로 사이보그가 된 휴 허의 친구이자 암벽등반가 짐 유잉 Jim Ewing은 자신이 로봇 다리를 단 사이보그처럼 느껴지지 않고 마치 자신이 다리가 있는 것처럼 느껴진다고 말합니다. 로봇 다리가 그의 신체 일부가 된 것이죠. 그리고 걷다가 그의 로봇 발바닥에 붙게 된 테이프 조각을 떼어내려고 다리를 흔듭니다. 로봇 다리에 테이프 조각이 붙은 것을 센서와 인공전극이 보내주는 신호를 통해 뇌에서 감지한 것이죠. 완벽하지는 않지만 사이보그의 기반이 될 수 있는 기술이 개발된 것입니다. 이러한 기술은 이제 막 태동했다고 할 수 있습니다. 비슷한 원리를 통해 소리를 듣지 못하던 사람들이 인공 와우 수술을 받고 소리를 듣게 되거나 망막이 손상되어 시력을 잃은 사람들에게 인공 망막 이식수술을 통해 시력을 회복해주기도 합니다. 아직은 기술 태동기여서 장애 극복을 위한 보조수단 정도로 장애가 없는 사람들보다 뛰어난 감각이나 운동능력을 보여주고 있지는 않지만 앞으로 기술이 발전하면 상황은 달라질 수 있습니다.

 아직 개념이 명확하지는 않지만 사이보그 기술 개발의 목표는 대부분 인간의 근본적인 신체적 한계를 넘어서는 기술 개발입니다. 이러한 개념을 인간 증강 human augmentation이라고 하는데 기술을 활용해 인간의 신체적, 인지적, 감각적 능력을 확장하거나 향상한다는 개념입니다.

 이와 더불어 최근 인간의 뇌와 컴퓨터를 직접 연결하는 연구도 진행 중입니다. 이 분야의 대표적인 회사가 바로 일론 머스크가 세운 뉴럴링크죠. 뉴럴링크는 인간의 뇌 속 신경세포의 전기신호를 디지털 정보로 변환하는 것을 목표로 하고 있습니다. 이 목표가 달성되면 우리가 머릿속으로 생각만 해도 컴퓨터를 작동할 수 있게 되죠. 마찬가지로 스마트폰과 로봇도 제어할 수 있습니다. 이러한 목표를 위해 뇌에 이식할 수 있는 초소형 신경 인터페이스 칩을 개발 중인데 이 칩 안에는 머리카락보다 얇은 섬유 전극이 들어 있고 신경세포와 연결되어 신경세포의 전기신호를 읽고 전송할 수 있습니다.

현재까지는 주로 신경질환 환자들의 불편함 해소를 목적으로 개발 중입니다. 척수손상으로 하반신이 마비된 환자가 휠체어와 같은 보조장치를 더 쉽게 조작하게 하거나 치매나 파킨슨병 환자들의 뇌 신호를 복원해 인지기능을 향상하는 목적 등으로 개발이 진행되고 있습니다. 원숭이를 대상으로 하는 실험을 거쳐 최근에는 인간에게 적용하는 실험을 시작한 것으로 알려져 있습니다.

이러한 사이보그 관련 연구들이 언제 어떻게 어떤 기술을 개발할지는 알 수 없지만 이러한 기술들의 최종 목표는 아마도 인간의 수명 증대로 예상됩니다. 물론 윤리적 문제들이 발생할 것이고 사람들이 수용하기까지 많은 시간이 걸릴 것도 충분히 예상됩니다. 이 과정에서 사람들 개개인의 자유로운 의지에 따른 선택이 매우 중요하겠죠. 미래에 인간의 육체적·정신적 능력의 한계를 뛰어넘는 사이보그가 탄생하리라 생각하면 매우 기대되면서도 두려운 마음이 드는 것도 사실입니다. 아무쪼록 이러한 일련의 연구와 기술개발이 인류 전체에게 도움이 되는 방향으로 진행되기를 바랍니다.

무기물로 이루어진 로봇 생명체

2007년에 개봉한 영화 중에 <트랜스포머>라는 영화가 있습니다. 오락영화여서 줄거리는 매우 단순합니다. 고등학생 주인공이 아버지로부터 중고차 한 대를 선물로 받게 되는데 사실 이 중고차는 먼 외계에서 온 변신 로봇 생명체이고 또 다른 변신 로봇 생명체들이 지구로 오는 바람에 주인공이 이 외계 변신 로봇 생명체들의 전쟁에 휘말린다는 내용이죠. 이 영화에 나오는 변신 로봇은 그리 생소한 개념은 아닙니다. 이전에도 일본 <건담> 시리즈 같은 유명한 변신 로봇 주제의 만화영화가 있었습니다. 오히려 <트랜스포머>에서 생소한 개념은 로봇 생명체였습니다. 무기물로 이루어진 생명체들이 외계에 있다는 것이 이 영화의 전제였죠.

우리들의 고정관념은 생명체는 유기물로 이루어져 있다는 것입니다. 무기물로 이루어진 로봇을 생명체라고 부를 수 있을까요? 그에 대한 답을 찾으려면 우선 생명체의 정의를 확인해볼 필요가 있습니다. 분자생물학적으로 생명체는 '외부로부터 에너지를 흡수해 내부 질서를 유지하며 유전정보를 바탕으로 자신을 복제할 수 있는 자율 시스템'이라고 할 수 있습니다. 이러한 시스템이 유기물이냐 무기물이냐에 대한 제한은 두고 있지 않죠.

그렇다면 만약 현재 인류가 개발 중인 휴머노이드 로봇의 성능이 미래에 크게 개선되어 자체 지능을 가지게 된다면 어떨까요? 태양전지와 같은 전원으로 알아서 충전하고 자신의 신체에 고장난 부품이 있으면 알아서 교체하거나 수리하고 나아가 자신을 닮은 휴머노이드 로봇을 만들 수 있게 된다면 생명체와 다른 점은 무엇일까요? 이러한 휴머노이드 로봇이 개발된다면 '외부로부터 에너지를 흡수해 내부 질서를 유지하며 유전정보를 바탕으로 자신을 복제할 수 있는 자율 시스템'에서 유전정보를 제외하면 전부 생명체의 조건을 만족시킬 수 있습니다. 유전정보만 휴머노이드 로봇 설계도로 교체한다면 무기물로 이루어진 로봇 생명체를 이렇게 정의할 수도 있습니다. '외부로부터 에너지를 흡수해 내부 질서를 유지하며 설계도를 바탕으로 자신과 비슷한 로봇 생명체를 만들 수 있는 자율 시스템'이라고 말이죠.

현재 인류가 개발한 로봇의 수준을 살펴보면 이러한 로봇 생명체의 탄생이 그리 머지않은 미래에 가능할 수도 있습니다. 현재까지 개발된 휴머노이드 로봇은 달리고 점프하고 공중제비를 돌고 음성을 인식해 사람과 간단한 대화가 가능합니다. 산업용 로봇의 경우 자동차를 조립하고 용접하고 도색해 생산할 수 있으며 인공지능과 센서 등이 통합되어 생산된 자동차의 품질검사도 할 수 있습니다. 자율이동 로봇의 경우 식당 등에서 흔히 볼 수 있으며 배달도 비교적 정확히 해내고 있습니다. 자율주행 자동차를 활용한 택시는 운전기사 없이도 손님을 원하는 지점까지 데려다줄 수 있고 배달용 드론은 피자나 햄버거를 손님이 있는 곳까지 정확히 배달할 수 있죠. 일부 로봇에는 챗GPT 등의 언어 모델이 탑재되어 더 자연스러운 대화가 가능합니다.

물론 현재까지 개발된 로봇들의 자율적인 자기 유지나 치유 기능은 거의 없습니다. 고장나면 인간이 고쳐주어야 하죠. 또한 발전된 인공지능도 '자기인식'이나 '의식'이 있는지 확인되지 않았습니다. 여러 학자들은 자기인식을 통한 의식이 없으면 생명체가 아니라고 생각하기 때문에 현재까지의 로봇을 생명체라고 부를 수는 없습니다. 하지만 위에서도 언급했듯이 로봇 생명체를 탄생시킬 세부 기술들은 어느 정도 개발된 상태입니다. 이제 이러한 기술들이 통합되고 좀 더 유기적으로 결합되면 미래의 어느 시점에 로봇 생명체의 탄생도 가능하리라 생각됩니다. 만약 이러한 로봇 생명체가 인류의 과학기술을 통해 개발된다면 인간은 다윈의 돌연변이에 의한 종의 탄생을 뛰어넘는 의도적으로 제작된 종의 탄생을 목격하게 될지도 모르겠습니다.

저속노화를 위한 생활 팁

 지난 1세기 동안 과학기술의 발달로 인간의 수명이 지속적으로 증가했지만 2014년부터 선진국을 중심으로 그 증가세가 급격히 둔화해 더 이상 평균수명이 증가하지 않고 정체될 수도 있는 것으로 예측됩니다. 우리나라의 평균수명은 이미 미국, 독일, 프랑스보다 높으며 세계 최장수국인 일본과 스위스에 버금가는 상황입니다.

 현재까지 공식적인 최장수자는 프랑스의 잔 루이즈 칼망 Jeanne Louise Calment으로 그녀는 1875년 2월 21일에 태어나 1997년 8월 4일 122세 164일의 나이로 생을 마감했습니다. 칼망은 100세까지 자전거를 탔고 117세까지 담배를 피웠으며 119세까지도 초콜릿을 즐겨 먹는 등 활발한 생활을 유지한 것으로 알려져 있고 1997년 이후 지금까지도 이 기록은 깨지지 않고 있죠.

 그렇다면 인간의 최대 수명은 얼마일까요? 일반적으로 과학자들은 현재 상황에서 인간의 최대 수명은 칼망의 기록으로 추정해 약 125세로 추측하지만 일부 과학자는 AI와 빅데이터를 활용한 건강 관리, 재생의학기술(줄기세포 치료), 유전자 조작기술 등이 적용되는 시대가 오면 150세까지도 살 수 있을 것으로 예측합니다.

현재 많은 생물학자와 생명공학자가 노화의 제어와 수명 연장 연구를 진행 중이며 그중 일부 확실한 효과가 있는 것으로 나타난 연구결과는 AMPK, 텔로미어, 서투인과 관련 있습니다.

AMPK AMP-activated protein kinase는 'AMP에 의해 활성화된 효소'라는 뜻이며 여기서 AMP는 Adenosine Monophosphate의 약자입니다. 본문에서도 여러 번 나왔던 물질인 ATP에서 인산 두 개가 떨어져나온 분자죠. 미토콘드리아가 세포호흡을 하면 에너지 화폐인 ATP가 만들어지고 ATP가 만들어지면서 양성자 기울기가 생깁니다. ATP는 음전하를 띠는 인산기가 세 개나 붙어 있어 서로 강하게 밀어내는 힘이 작용하고 미토콘드리아의 이중막에는 양성자가 쌓여 있어 양성자와 인산기 사이에 서로 끌어당기는 힘이 존재하죠. 이 힘을 에너지원으로 사용해 생명체는 살아갑니다. 이 과정에서 ATP의 인산기 하나가 떨어져 나가면 ADP가 되고 두 개가 떨어져나가면 AMP가 되는 것이죠. 즉 에너지를 많이 사용했을 때 AMP가 생성됩니다.

AMPK는 AMP가 생성되었을 때 AMP에 의해 활성화되는 효소로 세포가 더 많은 ATP를 생성하고 에너지를 절약하도록 유도합니다. 예를 들어 ATP가 부족하면 AMPK는 세포의 에너지 소비를 줄이고 지방과 당을 분해해 에너지 생성을 돕습니다. 당을 분해하고 지방을 분해한다는 것은 현대인들의 만성질환 예방이 가능하다는 의미입니다. AMPK의 활성화는 체지방 감소, 혈당조절 등에 영향을 미치는 것으로 알려져 있습니다. 또한 AMPK는 자가포식을 촉진해 손상된 세포 부위를 청소하고 재생하는 데 기여하는 것으로 밝혀졌습니다. 이는 염증을 줄이고 세포 건강을 증진해 노화 속도를 낮추므로 AMPK가 활성화되면 가속 노화를 막을 수 있습니다. AMPK는 운동, 칼로리 제한, 간헐적 단식 등을 통해 자연스럽게 활성화될 수 있으며 메트포르민 같은 약물도 AMPK를 활성화하는 효과가 있다고 하여 연구 중입니다.

텔로미어 telomere는 염색체 말단에 위치하는 DNA 보호장치입니다. DNA가 세포분열을 위해 복제할 때 유전 정보가 손상되지 않도록 DNA를 보호하며 복제될 때마다 그 길이가 줄어들어 더 이상 복제할 수 없는 상태가 되면 세포는 이미 노화 상태죠. 노화 상태가 된 세포는 결국 생명체의 활성을 떨어뜨려 노화를 가속화할 수 있습니다. 텔로미어는 세포가 무한분열하는 것을 방지하는 '세포분열 카운터' 역할을 하므로 손상된 세포가 계속 분열해 암세포로 변할 가능성을 줄이는 역할도 합니다. 그런데 텔로머라제라는 효소가 텔로미어를 복구해 세포 노화를 예방할 수 있습니다.

연구결과를 살펴보면 강한 스트레스가 오랫동안 지속되면 텔로미어가 짧아집니다. 그래서 강한 스트레스를 오래 받지 않는 것이 중요하죠. 항산화 식품과 오메가-3가 풍부한 음식을 먹으면 텔로미어의 길이에 긍정적인 영향을 미치는 것으로 알려져 있습니다. 대표적인 항산화 식품은 포도와 베리류 등의 과일과 브로콜리, 시금치 등입니다. 오메가-3는 연어, 아보카도, 견과류 등에 많이 들어 있습니다. 한약제 천궁의 뿌리 추출물이 텔로머라제를 활성화해 텔로미어의 길이를 늘리는 데 도움을 주는 것으로 파악되었지만 장기적으로 복용하면 암 발생 등을 높일 수 있어 지속적으로 많이 복용하는 것은 위험할 수 있습니다. 분명히 인체에 무해하고 복용했을 때 건강상 이점이 있다는 연구결과가 나오기 전까지는 관련 건강보조식품 섭취를 조심해야 합니다.

서투인 sirtuins은 SIRT1부터 SIRT7까지 총 7가지로 다양한 조직과 세포에서 발견되는 단백질 계열 물질입니다. 특히 노화, 대사 조절, 유전자 발현 조절, 스트레스 저항성 등 여러 생리적 과정에 관여하는 것으로 알려져 있죠. 특히 서투인은 NAD^+(니코틴아미드 아데닌 다이뉴클레오타이드)라는 분자를 필요로 하는 효소로 세포의 에너지 상태에 따라 활성화됩니다. 서투인의 주요 역할은 유전자 발현 조절, 대사 조절, 노화 예방 등입니다. 서투인은 특정 유전자들의 스위치 역할을 합니다. 그리고 포도당과 지방산 대사를 조절해 세포가 에너지를 효율적으로 사용하도록 해줍니다. 예를 들어 SIRT1은 간에서 포도당 생성을 억제하고 지방 대사를 촉진해 에너지 균형 유지를 돕습니다. 또한 서투인은 세포 손상을 줄이고 자가포식(세포 청소 과정)을 촉진하는 역할도 합니다. 본문에도 나왔지만 자가포식은 세포를 건강하게 만들고 세포의 수명을 늘려 노화 예방에 효과적입니다. 서투인은 레즈베라트롤(포도 껍질, 레드 와인에 함유된 물질)과 같은 특정 물질을 통해 활성화될 수 있으며 이를 이용한 노화 예방과 대사질환 치료 가능성을 연구 중입니다. 또한 간헐적 단식이나 칼로리 제한도 서투인 활성화를 촉진하는 방법으로 주목받고 있죠.

현재까지 이러한 연구결과를 종합해보면 노화 예방을 위해 할 수 있는 몇 가지 지침을 얻을 수 있습니다. 이러한 지침은 이미 《노화의 종말》(원제는 'Why We Age - and Why We Don't Have To'로 직역하면 '우리가 늙는 이유와 그럴 필요가 없는 이유')이나 《노화의 역행》(원제는 'Defy Aging: A Beginner's Guide to the New Science of Longer Life and Better Health'로 직역하면 '노화 예방: 장수와 더 나은 건강에 대한 새로운 과학에 대한 초보자 가이드') 등 노화 관련 교양서에 잘 설명되어 있습니다. 마지막으로 이 책의 주제인 에너지대사와 생명활동, 노화와 저속노화에 관해 정리해 보고자 합니다.

❶ 칼로리 제한과 간헐적 단식

거의 대부분의 연구에서 칼로리 제한이 노화 예방에 효과가 있는 것으로 밝혀졌습니다. 칼로리 제한은 신체가 필요로 하는 칼로리보다 약간 적게 섭취하는 방식으로 음식물을 극단적으로 섭취하지 않는 단식과는 차이가 있습니다. 연구에 따르면 칼로리 제한만으로 늙은 쥐가 외모나 활동 면에서 중년 쥐와 같은 상태로 변하고 심지어 번식능력도 생기는 것으로 밝혀졌죠.

음식물이 충분하면 인슐린이나 인슐린 유사 성장인자 IGF-1가 분비되면서 더 많은 세포와 조직을 만들기 위해 세포 활동이 활발해지는데 이는 더 많은 에너지 대사를 요구하고 더 많은 활성산소와 세포 내 노폐물을 유발해 노화를 촉진하는 것으로 파악됩니다. 반대로 칼로리 제한은 인슐린 분비를 줄이고 에너지가 부족한 상태로 만들어 자가포식을 활성화하는데 자가포식은 세포가 쓸모없는 물질들을 재활용해 쓸모있는 물질로 만드는 활동이므로 세포가 죽지도 분열하지도 않은 상태에서 건강해집니다. 이러한 과정으로 노화가 예방되죠.

자가포식을 더 적극적으로 활성화하는 데 간헐적 단식이 도움이 될 수 있습니다. 몇 가지 간헐적 단식 방법이 있는데 대체로 16시간 이상 물 이외에 음식을 먹지 않으면 작동하는 것으로 알려져 있죠. 간헐적 단식을 하면 자가포식이 활성화되고 인슐린 민감성도 개선되며 염증도 감소하고 성장호르몬도 분비된다고 합니다. 또한 서투인 유전자와 AMPK 효소도 활성화하는데 이는 모두 노화를 예방하는 메커니즘으로 알려진 것들이죠.

단식 중에 분비되는 성장호르몬(뇌하수체에서 분비)은 음식이 충분히 많을 때 분비되는 인슐린 유사 성장인자(간에서 분비)와는 다른 것으로 체내 에너지를 효율적으로 사용하고 근육 손실을 최소화하며 지방을 연료로 사용할 수 있게 돕는 것으로 알려져 있습니다.

❷ 과도하지 않은 운동

운동도 칼로리 제한만큼 거의 모든 연구에서 노화 예방 효과가 있는 것으로 파악됩니다. 운동은 신체에 직접적인 영향을 미쳐 건강을 증진시키지만 정신적으로도 기분을 좋게 해 건강을 증진시키죠. 운동은 에너지 소비를 활성화해 에너지가 부족한 상태로 만들어 자가포식을 활성화합니다. 이로 인해 노폐물이 제거되고 세포가 건강해지죠. 자가포식은 산화 스트레스와 염증도 감소시킵니다.

운동의 또 다른 이점은 미토콘드리아 기능 개선에 있습니다. 본문에서도 여러 번 나왔지만 미토콘드리아는 세포 내에서 에너지 공장 역할을 하는 기관으로 나이가 들수록 기능이 저하됩니다. 운동은 미토콘드리아의 기능을 높이고 새로운 미토콘드리아 생성을 촉진해 세포가 더 많은 에너지를 생산하고 스트레스 저항력을 높이는 데 도움을 줍니다.

최근 연구에 따르면 운동은 뇌 기능을 향상시킵니다. 진화학자들은 동물의 뇌는 움직이기 위해 발달했다고 생각합니다. 감각기관이 생기고 이를 바탕으로 먹이를 먹거나 도망가기 위해 뇌가 필요했던 것이죠. 일례로 멍게의 유충은 움직이기 때문에 뇌가 있지만 자라서 바위 같은 곳에 붙어살기 시작하면 움직일 필요가 사라져 뇌가 없어집니다. 운동과 뇌는 밀접한 관련이 있습니다.

또한 운동은 근육과 뼈를 유지하는 데 도움이 되므로 특히 나이가 들수록 운동이 필요합니다. 근육량이 줄면 낙상사고를 당할 수 있으므로 노년 건강에 근육량 유지가 필수적이고 이를 위해서는 적당한 운동이 꼭 필요하죠.

❸ 약물

노화를 지표화할 때 사용되는 생체인자로는 만성 염증, DNA 손상, 미토콘드리아의 기능 손상, 텔로미어의 길이, 활성산소 등이 있습니다. 이러한 노화 지표를 바탕으로 항노화를 위한 약물들이 많이 연구되고 있죠. 그중 의미 있는 연구결과들을 간단히 소개합니다.

- 메트포르민

메트포르민은 제2형 당뇨병 치료제로 널리 쓰이는 물질입니다. 간에서 포도당 생성을 억제하고 인슐린 감수성을 개선하며 소장에서 포도당이 흡수되는 것을 억제해 혈액 중 당이 과도하게 올라가는 것을 막아주죠. 그런데 제2형 당뇨병 환자들을 추적 조사하다가 평균적으로 당뇨병이 없는 건강한 사람들보다 더 오래 사는 것을 확인하고 그 원인을 파악했더니 이들이 메트포르민을 복용한 사실을 알게 되면서 메트포르민의 항노화 작용 연구가 시작되었습니다.

메트포르민은 AMPK를 활성화하는 것으로 알려져 있습니다. 그리고 미토콘드리아에서 활성산소 생성을 줄여 활성산소에 의한 산화 스트레스를 감소시켜 주는 것도 파악되었죠. 미국에서 Targeting Aging with Metformin TAME 임상시험 연구가 진행 중입니다. TAME 시험은 미국 내 14개 센터를 포함해 3,000명의 다양한 인종의 비당뇨병 일반인을 대상으로 6년 동안 1,500밀리그램의 메트포르민을 제공하고 3년 6개월 이상 추적 기간을 적용할 예정입니다. 이 임상시험 연구에서 결과가 확인되지 않으면 일반인들은 여전히 복용할 수 없습니다. 현재 우리나라에서는 당뇨 환자들만 의사 처방전을 받아 복용할 수 있습니다.

- NMN

나이가 들면서 신체에서 줄어드는 물질 중 하나가 NAD입니다. NAD는 미토콘드리아가 ATP를 만들 때 꼭 필요한 물질이므로 줄어들면 에너지 대사에 문제가 생깁니다. NMN은 NAD를 만드는 전구체 물질이므로 복용하면 NAD 농도를 높이고 에너지 대사를 활발하게 만드는 효과가 있는 것으로 파악되었습니다. NAD의 전구체로 NR Nicotinamide Riboside를 먹을 수도 있습니다. NR → NMN → NAD+ 경로를 통해 NAD+ 수준을 높이므로 NMN을 먹는 것이 효과적일 수 있지만 NR을 복용하는 것도 비슷한 효과를 가져올 수 있습니다. 실험 쥐에서 NMN 보충이 수명 연장, 근육 기능 개선, 인슐린 감수성 향상 등의 효과를 보였고 노화로 손상된 혈관을 회복하고 산소 공급을 개선하는 데 긍정적인 결과를 보였습니다. 인체에 대한 효과 및 안정성 평가를 위한 초기 임상시험에서는 NMN이 안전하고 NAD^+ 수치를 증가시킨다는 결과가 확인되었고 피로감 감소, 인지 기능 향상, 대사 개선 등 잠재적 효과도 보고되었습니다. 하지만 현재로서는 장기간 섭취할 경우 안전성에 대한 충분한 데이터가 없어 복용에 주의해야 합니다. 참고로 《노화의 종말》의 저자 싱클레어는 매일 아침 1그램의 NMN을 섭취한다고 책에 명시했습니다.

- 라파마이신

mTOR이라는 효소의 주요 기능은 세포 내 아미노산, 포도당, 지방산 등 영양소 수준을 감지하고 단백질, 지질, 핵산 합성을 통해 세포 성장을 촉진하는 것입니다. mTOR이 있으면 자가포식을 억제하고 세포 성장을 촉진합니다. 세포가 성장하는 것은 성장기 청소년에게는 꼭 필요한 일이지만 성인에게 과다하게 일어나면 노화를 촉진할 수 있습니다. 라파마이신 Rapamycin, 복제약 Sirolimus 은 mTOR을 억제해 노화를 예방하는 것으로 알려져 있습니다. 원래 라파마이신은 면역 억제제로 개발된 약물이지만 쥐와 같은 모델 생물에서 수명을 유의미하게 연장시킨다는 사실이 발견되었습니다. 특히 노화가 진행된 상태에서도 효과가 관찰되었고 수명을 최대 세 배나 연장하는 것으로 보고되었죠. 2018년 진행된 연구에 따르면 mTOR 억제제로 6주간 264명의 노인을 대상으로 치료한 결과 항바이러스성 면역반응에 관여하는 유전자가 치료군에서 유의미하게 상향 조절되었으며 감염률이 위약 치료군에 비해 유의미하게 감소한 것으로 나타났습니다. 또한 인플루엔자 백신에 대한 면역반응은 혈구응집 억제시험에서 항바이러스 항체 반응이 증가하는 것으로 나타나 치료군에서 유의미한 개선을 보였습니다. 하지만 라파마이신의 경우에도 아직 대규모 임상시험 결과가 보고되지 않아 장기간 복용이 어떤 문제를 일으킬지는 모르는 상황입니다. 재미있는 것은 라파마이신을 핸드크림으로 사용하면 콜라겐 단백질이 증가한다는 보고가 있다는 것입니다. 이는 주름 개선 효과로 이어질 수 있는 연구결과죠.

- 세놀리틱 약물

세놀리틱 senolytic 은 senescence(노화)와 lytic(파괴하다)의 합성어로 몸에서 노화 세포를 없애는 물질입니다. 현재까지 46개 세놀리틱 약물이 확인되었는데 그중 임상시험에 사용되는 주요 약물은 다사티닙 Dasatinib, 쿼르세틴 Quercetin, 피세틴 Fisetin 등입니다. 특히 다사티닙과 쿼르세틴의 조합이 노화 세포를 제거해 건강 수명을 연장하는 효과를 보였다는 연구결과가 있습니다. 다사티닙과 쿼르세틴의 조합은 폐 섬유증, 골다공증 등 노화 관련 질환에서 긍정적인 초기 결과를 보인 것으로 알려져 있습니다.

다사티닙은 BCR-ABL 티로신 키나아제 억제제로 주로 만성 골수성 백혈병과 급성 림프구성 백혈병 치료에 사용되는 항암제입니다. 최근에는 세놀리틱 약물로 노화 연구와 관련된 잠재적 효능이 주목받고 있습니다. 쿼르세틴은 플라보노이드 계열 항산화제로 자연적으로 존재하는 식물성 화합물입니다. 주로 과일, 채소, 곡물에 풍부한데 특히 양파 껍질에 많이 있습니다. 쿼르세틴은 건강에 여러 가지 이점을 제공하는 것으로 알려져 있는데 특히 항염증, 항산화, 항노화 효과로 주목받고 있죠. 최근에는 비염 치료제로도 널리 알려져 있습니다. 쿼르세틴의 주요 작용은 활성 산소종을 중화시켜 세포 손상을 줄이고 산화 스트레스를 완화하고 염증성 사이토카인 생성을 억제하고 염증 반응을 줄이는 것입니다. 모두 노화 관련 작용들을 억제하는 기능을 하죠.

❹ 호르메시스

호르메시스^{hormesis}는 생물학에서 적은 양의 스트레스나 자극이 생물체에 긍정적인 효과를 미칠 수 있는 현상을 뜻합니다. 이는 특정 자극이 고강도일 때는 유해하지만 저강도일 때는 생물체의 방어 시스템을 활성화해 건강과 생존에 유익한 영향을 미칠 수 있다는 개념이죠.

생체가 주로 U자형 반응곡선을 그린다는 것인데 낮은 외부 자극이면 유익하고 중간자극이면 최대효과를 나타내다가 높은 자극이 되면 유해하다는 것입니다.

운동, 햇빛, 더위, 추위, 소량의 독성물질, 식이 제한, 정신적 스트레스 등 자극의 종류는 다양합니다. 예를 들어 적당한 햇빛은 건강에 좋은 역할을 하지만 과도한 햇빛이나 자외선은 피부 노화를 촉진합니다. 더위나 추위도 마찬가지입니다. 적당한 더위나 추위에 노출되는 것은 건강에 유익하다고 합니다. 특히 추위에 노출되면 미토콘드리아가 활성화되어 갈색지방이 많아지고 대사가 활발해져 노화를 예방하는 것으로 알려져 있습니다.

호르메시스를 활용한 건강증진 전략을 요약해 보면 다음과 같습니다. 심한 운동보다는 규칙적이고 적당한 강도의 운동을 유지하고 사우나 또는 냉수 목욕으로 열과 냉기를 교대로 적용해 스트레스 반응을 유도하고 몸의 에너지 대사를 활성화하고 간헐적 단식 또는 칼로리 제한을 통해 대사 스트레스를 줄이며 과일, 채소, 허브, 견과류 등에 함유된 폴리페놀과 같은 천연 항산화제를 섭취하고 필요하다면 세놀리틱스 효과가 있는 것으로 알려진 건강보조식품을 복용하고 약간의 스트레스는 동기 부여에 긍정적이라고 생각하고 적극적으로 받아들일 필요가 있지만 지나친 스트레스를 지속적으로 받으면 건강에 좋지 않으니 피해야 한다는 것입니다. 특히 고강도의 과도한 스트레스는 모든 질병의 원인으로 가속 노화의 지름길이므로 절대로 피해야 합니다.

나오며

이 책을 쓰기 시작한 계기는 호기심이었습니다. 50년 넘게 살아오면서 '내 몸은 50년 넘도록 어떻게 잘 작동하는 걸까?'라는 호기심이 생긴 것이죠. 물론 도중에 병도 나고 다쳐 수술도 받았지만 아직 큰 문제 없이 살아가고 있습니다. 자동차와 내 몸을 비교해보면 자동차가 분명히 훨씬 튼튼해 보입니다. 자동차는 단단한 철판을 겉에 둘러 더 오래 지속될 것으로 생각되고 내 몸은 안에 딱딱한 뼈가 있지만 겉은 말랑말랑한 살이기 때문이죠. 그럼에도 내 몸은 자동차보다 오래 버팁니다. 물론 50년 넘게 버티는 자동차도 있겠지만 대부분의 자동차는 50년이 되기 전에 고장나 폐차되니까요.

생명체도 진화 초기에 겉이 딱딱한 전략을 사용했습니다. 최초로 눈이 있는 생명체로 알려진 삼엽충 등의 갑각류는 겉이 딱딱하니까요. 하지만 더 많은 종의 생명체가 겉이 부드러운 살로 된 형태로 진화한 것은 생존 전략상 유연성이 매우 중요한 포인트라는 생각이 들게 합니다. 그리고 우리 사고방식에서도 유연성이 중요하다고 생각됩니다. 유연한 사고로 새로운 사실을 받아들이는 것이 환경 변화에 적응해가는 진화 논리를 따르는 것이라는 생각이 듭니다.

미래사회가 유토피아일지 디스토피아일지는 아무도 모릅니다. 다만 한 가지 분명한 것은 인류는 문명을 꽃피우고 지속적으로 여러 가지 문제점을 해결해가면서 문명을 발전시켜 왔다는 사실입니다. 그리고 과학기술을 발전시켜 과거에는 몰랐던 사실을 깨닫게 되었죠. 이러한 관점에서 볼 때 미래사회는 충분히 경험해볼 만한 가치가 있다는 것입니다. 그러기 위해서는 미래에 나 자신이 생존해 있어야겠죠.

　생명체들은 유전자를 보존하기 위해 후손을 낳고 죽는 전략을 택했죠. 그리고 살아남을 확률을 높이기 위해 최대한 많은 후손을 남기는 전략을 택했습니다. 노화가 시작되는 시점이 후손을 남기는 시점과 일치하는 것은 우연이 아닐 수 있습니다. 하지만 살아남을 확률이 높아진 현대사회에서 그 전략은 변하고 있습니다. 더 이상 결혼하지 않고 후손을 남기지 않으려는 사람들이 늘어난 것이죠. 우리나라도 이러한 현상이 급속히 진행되어 현재 인구감소를 우려하는 상황이 되었죠. 하지만 어쩌면 '후손을 남기지 않고 내가 계속 생존하면 된다'라는 패러다임 시프트가 진행 중인지도 모르겠습니다. 의학과 과학기술의 발달로 수명이 지속적으로 늘고 있기 때문이죠. 그렇다면 정말 인간이 늙어

나오며

죽지 않고 계속 살아갈 수 있는 날이 올까요? 정답은 모르겠지만 궁금해서라도 최대한 오래 살아남아야겠습니다.

참고자료

《종의 기원》 저자: 찰스 다윈, 출판사: 사이언스북스

《이기적 유전자》 저자: 리처드 도킨스, 출판사: 을유문화사

《내 속엔 미생물이 너무도 많아》 저자: 에드 용, 출판사: 어크로스

《눈의 탄생》 저자: 앤드루 파커, 출판사: 뿌리와 이파리

《생명 최초의 30억 년》 저자: 앤드루 H. 놀, 출판사: 뿌리와 이파리

《미토콘드리아》 저자: 닉 레인, 출판사: 뿌리와 이파리

《게놈 익스프레스》 저자: 조진호, 출판사: 위즈덤하우스

《노화의 종말》 저자: 데이비드 A. 싱클레어, 매슈 D. 러플랜트, 출판사: 부키

《노화의 역행》 저자: 베스 베넷, 출판사: 레몬한스푼

《노화의 재설계》 저자: 모건 레빈, 출판사: 위즈덤하우스

《인류의 기원》 저자: 이상희, 윤신영, 출판사: 사이언스북스

위키피디아(www.wikipedia.org), LUCA, Negentropy, Aquifex, Antonie van Leeuwenhoek, Carl Woese, Lynn Margulis, Prion, Linus Pauling, Alfred Hershey, Martha Chase, Alexander Todd, James Watson, Francis Crick, X ray Crystallography, Rosalind Franklin, RNA Tie Club, Sydney Brenner, François Jacob, Matthew Meselson, Marshall Warren Nirenberg, Har Gobind Khorana, Alexander Oparin, Apoptosis, Autophagy, Yoshinori Ohsumi, Lucy, Human Genome Project, He Jiankui, CRISPR-Cas

유튜브(www.youtube.com), How we'll become cyborgs and extend human potential, Hugh Herr

저속노화를 위한 생물학
- 루카에서 미토콘드리아까지, 에너지로 본 노화의 메커니즘

1판 1쇄 인쇄 | 2025년 7월 10일
1판 1쇄 발행 | 2025년 7월 17일

지은이 | 한치환

펴낸이 | 박남주
편집자 | 박지연
디자인 | 전영진
펴낸곳 | 플루토

출판등록 | 2014년 9월 11일 제2014 - 61호
주소 | 07803 서울특별시 강서구 마곡동 797 에이스타워마곡 1204호
전화 | 070 - 4234 - 5134
팩스 | 0303 - 3441 - 5134
전자우편 | theplutobooker@gmail.com

ISBN 979-1188569-83-0 03470

- 책값은 뒤표지에 있습니다.
- 잘못된 책은 구입하신 곳에서 교환해드립니다.